华中科技大学材料学科前沿特色课程系列教材

普通高等院校实验室安全与操作规范系列精品教材

U0183599

材料学科实验室
安全与操作规范

主　编　李冬冬

副主编　邹佳鹏　张玉苹

参　编　刘　洋　廖敦明

华中科技大学出版社

中国·武汉

内 容 简 介

本书为普通高等院校实验室安全与操作规范系列精品教材、华中科技大学材料学科前沿特色课程系列教材。

全书内容共分为 7 章,第 1 章为材料学科实验室基本安全知识,第 2 章为化学类试剂及玻璃仪器的安全使用规范,第 3 章为材料学科实验室常用仪器安全操作规范,第 4 章为金属粉末的安全使用规范,第 5 章为实验室安全规定及事故处理,第 6 章为生产和认知实习安全规范,第 7 章为材料实验室消防安全及应急预案。本书将专业操作规范与具体案例结合,图文并茂,语言通俗易懂,有助于培养材料类本科生及研究生规范操作技能和增强安全操作意识。

本书可作为材料科学与工程相关专业学生的安全培训教材,也可作为材料学科实验研究人员、管理人员的参考书。

图书在版编目(CIP)数据

材料学科实验室安全与操作规范/李冬冬主编.—武汉:华中科技大学出版社,2024.4
华中科技大学材料学科前沿特色课程系列教材
ISBN 978-7-5772-0729-2

Ⅰ.①材…　Ⅱ.①李…　Ⅲ.①材料科学-实验室管理-安全管理-教材　Ⅳ.①TB3-33

中国国家版本馆 CIP 数据核字(2024)第 076487 号

材料学科实验室安全与操作规范　　　　　　　　　　　　　　　　　李冬冬　主编
Cailiao Xueke Shiyanshi Anquan yu Caozuo Guifan

策划编辑:张少奇
责任编辑:罗　雪
封面设计:原色设计
责任监印:朱　玢
出版发行:华中科技大学出版社(中国·武汉)　　　电话:(027)81321913
　　　　　武汉市东湖新技术开发区华工科技园　　　邮编:430223
录　排:武汉三月禾传播有限公司
印　刷:武汉市洪林印务有限公司
开　本:787mm×1092mm　1/16
印　张:13.25
字　数:260 千字
版　次:2024 年 4 月第 1 版第 1 次印刷
定　价:42.00 元

前　　言

　　实验室是高等院校开展教学、科研和社会服务的重要场所,是培养创新人才、建设一流学科的重要条件。材料学科是一门实践性和综合性很强的学科,实验教学对学生理解理论知识、培养动手操作能力至关重要。但材料学科实验室涉及的实验众多,包括3D打印,金属材料铸造、锻造,新能源材料等,通常占地面积大、人员复杂、仪器装置多样,且试剂种类繁多,使得材料学科实验室安全问题日益突出。为此,编者编写了《材料学科实验室安全与操作规范》一书,旨在为材料学科实验室的安全管理及规范操作提供借鉴。

　　全书内容共分为7章。第1章为材料学科实验室基本安全知识,详细阐述用水、用电和用气的基本安全操作规程,以及实验室危险源识别及控制措施。第2章为化学类试剂及玻璃仪器的安全使用规范,阐明其危险特性、安全使用规范、储运要求及废弃物处理方法。第3章为材料学科实验室常用仪器安全操作规范,归纳总结材料学科实验室常用仪器设备的操作规范,并提供切实有效的安全防范措施。第4章为金属粉末的安全使用规范,分析在使用金属粉末过程中容易引发安全事故的操作节点,提出金属粉末的安全防护和应急处理措施。第5章为实验室安全规定及事故处理,总结实验室各项安全管理制度,并针对具体安全事故提出应急处理措施,以期让读者汲取相关经验教训。第6章为生产和认知实习安全规范,分析在户外实习期间可能发生的事故及其注意事项和有效防范措施,以降低个人伤害风险及减少公共财产损失。第7章为材料实验室消防安全及应急预案,分析日常实验室安全检查中存在的安全隐患,并提出消防应急预案。本书将专业操作规范与具体案例结合,图文并茂,语言通俗易懂,有助于培养材料类本科生及研究生规范操作技能和增强安全操作意识。

　　在本书编写过程中，编者参考了国内外专家学者的文献，以及部分高校实验室安全管理同人的调研材料，在此一并表示衷心感谢。由于实验室安全与环保管理工作涉及面广，编者的知识水平有限，书中难免有不妥和疏漏之处，恳请广大师生批评指正。

编者

2023 年 8 月

目　　录

第1章 材料学科实验室基本安全知识

1.1 实验室基本安全知识

实验室承载着科学与研究,是发现的花园,亦是创新的圣地。但实验室也汇集了各种危险物品,并且被多人轮流使用,所以实验室也被称为"事故高发地",实验人员不可避免成为"高危人群"。因此,提高每个实验人员的安全意识,防止安全事故的发生变得刻不容缓。

实验室是培养学生实践能力与综合素质的主要场所,集中了学校主要的技术装备与教学资源,固定资产占学校总资产的比例非常大。因此,重视实验室规范化、科学化管理,确保学校实验室教学及科研的安全和正常运行,保障实验室财产安全与师生生命安全显得尤为重要。采用灵活多样的教学方法,将实验安全防护教育渗透到多学科教学活动中,让学生能有效预防、及时控制并学会妥善处理实验室各类突发公共事件,提高学生的快速反应、协同应对和应急处理能力,为进一步学习及工作奠定安全防护意识及基本素质基础,具有重要的意义。

近年来,高校实验室安全事故频发,严重影响正常的教学和科研秩序,受到全社会广泛关注。仅 2021 年,全国高校就发生多起实验室安全事故,例如:2021 年 3 月,某化学研究所发生实验室安全事故,1 名研究生当场死亡;2021 年 4 月,某大学物理学院大楼突发火灾,着火点位于新楼 9 楼,翻滚的浓烟在几百米外也清晰可见;2021 年 7 月,某大学药学院一实验室发生爆炸,1 名博士生手臂动脉血管破裂。

高校实验室有如下特点:

(1)专业涉及面广、实验项目种类多,各实验室使用的大小仪器、药品、试剂、环境设施等各不相同;

(2)实验所需材料种类繁多,如化学药品、易制毒试剂、易制爆试剂、精神麻醉药品、剧毒品等;

（3）部分实验需要在高温高压、超低温、强磁、真空、微波辐射、高电压或高转速等特殊环境和条件下进行；

（4）实验过程中，可能会产生多种有害物质；

（5）仪器设备在运行中会产生光、电、射线、高压气体和各种电磁辐射等；

（6）通过实验再现和验证各种科学现象和科研设想，具有不确定性和不可预见性；

（7）进出人员多，流动性大。

上述因素导致在实验室开展各项工作时，稍有疏忽就有可能引发火灾、爆炸、毒害、辐射等安全事故。因此，加强对高校实验室的管理和人员培训，将实验室安全风险控制在可接受范围内，是高校"平安、绿色、生态、和谐"校园建设的重要组成部分。

1.1.1 实验室规范化、科学化管理

坚持"安全第一，预防优先"的原则，实行学校领导负责制，聘请责任心强的实验室管理人员及实验教师，落实工作责任，分工合作。根据材料、化学、生物等自然学科的性质和特点，遵循规范化、科学化的原则，制订符合实际、行之有效的具体化、细则化实验室安全管理方案，切实树立"防患于未然，安全责任重于泰山"的思想意识。

（1）实验室各团队要指定安全负责人，具体负责安全工作。安全员负有检查、监督的责任，有权制止有碍安全的操作，纠正违章行为。

（2）实验室要制订安全条例和安全操作规程等相应的管理制度及实施细则，包括遵守国家有关部门对危险化学物品的管理规定，实验室常用危险物品、化学试剂的性质、使用方法和处理方法手册，实验室废物处理条例等。

（3）实验室应设有高级指导人员，负责指导学生和其他实验室人员，管理设备和负责实验室的日常安全工作。高级指导人员要制订实验事故应急预案，当发生事故时能进行应急处理。高级指导人员要在实验室落实自查与抽查相结合的制度，定期检查实验室的安全情况，及时排除隐患。

（4）实验室必须配备足量的消防器材，置于明显、方便取用之处，并指定专人负责，负责人应妥善保管并能熟练掌握使用方法。化学类实验室应有灭火器、灭火毯、灭火砂和消防龙头等消防器材。同时应设置淋浴器、洗眼器、医药箱等救助器材。实验室的入口处应张贴火警、急救电话号码以及实验室管理人员和单位安全负责人的电话号码。

（5）实验室要把安全知识、安全制度、操作规程等列为实验教学的内容之一，进入实验室的人员必须先接受安全教育，掌握基本知识和技能。

（6）严禁在实验室内大声喧哗、打闹、饮食和乱扔实验废弃物，不得带无关人员进入实验室。

（7）按规定存放精密、贵重仪器和大型设备的图纸、说明书等资料,设专人妥善保管,不得外借或带出实验室。特殊情况须经领导批准,向管理人员办理借出手续,并按时归还。

1.1.2　实验安全防护教育的具体教学实施

学生是学习的主体,教师是学生的引导者、鼓励者。在传统教学中,教学方式以教师讲述为主,学生死记硬背实验安全规则和防护知识,教学成效并不理想。因此教师间应通力合作,充分利用教学资源、实验资源及实验课、活动课、研究课、班会课等,采用多种灵活的教学方式,激发学生的学习兴趣,寓教于乐,让学生在快乐和兴趣中自觉掌握安全、防范、救护知识及应急处理技能等。

（1）收集实验事故案例,让学生从多方面获知实验事故发生的真实原因。

教师从报纸、期刊、网络等各类媒体中收集各种典型的实验室事故案例,如:硝酸引起拖布燃烧事故;误服甲醇致盲事故;煤油、二甲苯燃烧事故等。通过案例讲述,引导学生积极思考和总结导致事故发生的原因(如违反操作规定;对药品性质认识不足,疏忽大意;实验用药过量;药品不纯;使用无标签的试剂;实验室通风效果不好等),以此来增强学生的安全意识,使其认识到在实验学习过程中掌握安全知识的重要性。

（2）引导学生结合身边实验、讨论其中存在的安全隐患。

实验前,教师要做好把关,对要使用钠、钾、浓硫酸、浓盐酸、浓硝酸等危险品的实验,事先组织学生熟悉操作步骤,讨论实验中哪些违规操作或疏忽大意会引发实验事故。通过学生自主发现或教师补充实验安全实例的方式有效预防实验事故的发生。

（3）做好实验中"三废"(废水、废气、废物)的处理。

实验中,教师要循序渐进逐步培养和增强学生的环保意识,引导学生在实验中要节约药品,回收可再利用的药品,学会合理处理"三废",如:废弃的菌种培养基应经高温121 ℃消毒后,放入专用袋中统一处理;检验剩余的样品视同废弃物,应放入专用袋中,统一处理;最终不可排放的固、液体废弃物由各检测人员收集到固定地点存放;危险废弃物单独收集处理,送交有处理资质的处理公司(工厂)处理。学生还应学会改进实验装置或控制实验条件,以减少有害气体对人体造成的危害,如:灵活地应用制乙烯的实验装置,改进用废铁屑制取硫酸亚铁的实验装置,有效地减少硫化氢气体对人体的危害。

（4）教师要引导学生熟悉并灵活应用物质性质的知识实施安全防范和救护。

教师可提出问题引发学生思考:火灾发生时,用水灭火是不是万能的?请结合物质的性质谈谈怎样使用恰当的灭火器灭火?学生在正确地分析和认识化学物品的理化性质后,会归纳如下:不能轻易使用水来灭火,要正确认识火源的性质,选用适当灭火器。

氢化钾、氢化钠、电石、碱金属和锌粉等遇水即发生剧烈的化学反应,放出可燃性气体,同时释放出大量热,极易引起爆炸;汽油、乙醚、丙酮和苯等有机溶剂比水轻,着火时若用水灭火,会漂浮在水面上,随水流动,造成火势蔓延扩大;火灾现场存放有浓强酸时遇水放出大量热,易使酸液飞溅,有喷伤人的危险;高压电气装置起火时,在没有良好的接地或没有切断电源的情况下,不能用水扑救,这是因为水具有导电性能,电流可通过水流造成人身触电事故;精密化学仪器设备,也不宜用水扑救等。

(5)通过课题或知识竞赛的形式普及实验安全防范知识。

实验安全防范知识涉及的内容多,知识面广,教师可引导学生结合研究性学习开展相关讨论,如:材料实验室急救药箱中应配备哪些物品?常见的实验事故有哪些?怎样进行正确的救护?常见灭火器的类型有哪些?也可利用活动课时间,组织开展知识竞赛,以分组和抢答的方式激发全班同学的参与热情,使其牢记实验安全防范知识,如:干石灰或浓硫酸烧伤时,能不能先用水冲洗?发生入口中毒,应采取的处理方法有哪些?试剂溅入眼中,怎样急救?电气设备着火,怎样急救?

(6)通过模拟演练、故事讲述等活动形式,促进学生对安全防护的重视和掌握。

学校组织师生学习消防安全知识,教会学生使用灭火器的方法,并设置小范围火灾现场,让师生进行模拟演练,做到遇事故不慌,沉着冷静地进行事故的前期处理,牢记各种灭火器的使用方法和适用范围。

在新的教育教学改革中,实验教学已成为学生掌握知识、培养能力的重要途径,加强实验室的规范化、科学化管理,在学生实验及教学中,增强安全意识教育,普及安全、防范、救护知识及应急处理技能,既符合时代的需要又有助于培养学生终身发展必备的意识和技能。

1.2 材料学科实验室用水安全

1.2.1 实验室用水

水是实验室内一种常常被忽视但又至关重要的试剂。实验室用水包括以下几类。

(1)蒸馏水。蒸馏水是实验室最常用的一种纯水,去除了自来水内大部分的污染物,含少量二氧化碳、氨、二氧化硅及一些有机物。

(2)去离子水。去离子水是通过离子交换树脂除去水中的离子态杂质得到的近于纯净的水,仅含 0.01 mg/L 的溶解型溶质。一般用于常规试验、配制常备溶液、清洗玻璃器皿等。

（3）反渗水。反渗水是水分子在高压作用下渗透直径只有 10^{-4} μm 的反渗透薄膜得到的纯水，化学离子和胶体、细菌、病毒等会被隔离出。相比蒸馏水和去离子水，反渗水纯度更高。

（4）超纯水。超纯水指的是电阻率约为 18.25 MΩ·cm（25 ℃）的水，是去除了氧和氢以外所有原子的纯水，但很容易受到空气的二次污染。

1.2.2　注意事项

学生进入实验室开始工作前必须了解以下注意事项。

1. 了解实验室自来水各级阀门的位置

实验室师生应了解实验楼自来水阀各级阀门的位置。实验室楼宇要有自来水总阀门，化学、生物、材料类实验室等须设置分阀门，总阀门由值班人员负责启闭，分阀门由相关管理人员负责启闭。

2. 上、下水管道的检查与维修

上、下水管道必须保持通畅，水槽和排水渠必须保持畅通；在实验室安装带有逆流口的水槽能有效避免漏水事件的发生；水龙头或水管漏水时，应及时联系维修人员进行维修；下水道排水不畅时，应及时疏通；冬季做好水管的保暖和放空工作，防止水管受冻爆裂。

3. 实验室用水安全注意事项

节约用水，杜绝自来水龙头打开而无人监管的现象；需要在无人状态下用水时，做好预防措施及停水、漏水的应急准备；上水管与水龙头连接处及上、下水管与仪器或冷凝水管的连接处必须用管箍夹紧固定，下水管必须插入水槽中的下水管道中；冷却水输水管必须使用橡胶管，不得使用乳胶管；纯净水的取用应按照"操作规程"进行操作；取水时应注意及时关闭取水开关，杜绝无人看守中转取水桶的现象，防止纯水溢流；定期检查冷却水装置的连接胶管接口和管道老化情况，发现问题及时更换，以防漏水；化学类实验室的废弃化学试剂，实验产生的有毒有害危险废弃物，遇潮遇水易起化学反应和性质不稳定、易分解变质的化学药品，严禁直接倒入下水管道。

比起危化品安全、生物安全、用电用气安全，实验室用水安全常被忽略，但我们不能掉以轻心，节约用水、安全用水是每个实验人员的责任和义务。

1.2.3　实验室用水事故警示案例

2021 年 11 月 21 日凌晨 2 时左右，某大学实验室发生漏水，一位去实验室调试程序的学生首先发现楼上实验室漏水情况,原因为未及时关闭自来水的水阀开关。他立即召集隔壁实验室的同学们一起引水,并及时通知物业。5 名同学及时发现漏水并紧急处置,避免了至少 2400 万元财产损失和可能造成的研发延误。

2016 年 12 月 2 日凌晨,某大学综合实验大楼某实验室洗手池上水管破裂漏水,造成楼下信息学院计算机实验室屋面大面积渗水、地面大量积水,致使天花板吊顶全部变形脱落,30 多台计算机进水受损,严重影响正常的教学秩序。此次漏水事故的发生,有水管意外破裂等偶然因素,但也暴露出水电管理上存在管理不细、不到位等问题。

2017 年 3 月 27 日傍晚,某大学化学西楼一实验室发生烟雾报警,同时楼内疑似发出轻微爆炸声。安保人员和院系老师第一时间赶到现场(见图 1-1),发现一学生在实验中手部受伤,随后立即将其送至医院治疗,学生无生命危险。据悉,在该学生处理一个体积约 100 mL 的反应釜过程中,反应釜突然发生爆炸,导致学生左手大面积创伤、右臂贯穿伤。事故原因是某学生违规将酒精放入了纯净水的洗瓶中,最终导致另一学生误用,引发水热釜爆炸。

图 1-1　某大学化学西楼事故现场

1.3　材料学科实验室用电安全

在高校实验室日常检查中,我们经常发现一些实验室存在着各种各样的用电隐患,如图 1-2 所示。

用电安全是高校实验室管理的重要组成部分,那么如何发现隐患、预防隐患呢?万一发生事故如何应急处理呢?

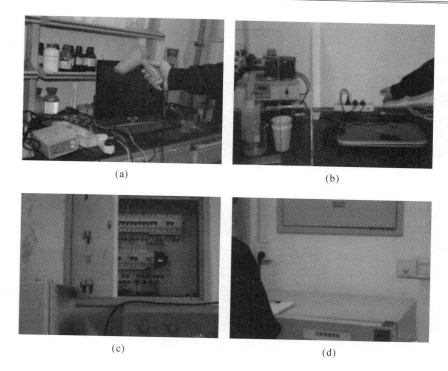

图 1-2   实验室用电安全隐患

(a)电器用完未拔;(b)插座功率过载;(c)配电箱门未关且被遮挡;(d)配电箱与高温设备接近

1.3.1   实验室用电事故警示案例

2022 年 6 月 3 日 15 时许,某大学实验室内一台正处于实验过程中的高压静电纺丝机冒烟起火,由于处置及时,除纺丝机烧损外,无人员受伤及其他财产损失。事发时,实验学生正在使用聚丙烯和 N,N-二甲基甲酰胺进行高压静电纺丝操作。经初步调查,事故由高压产生的电火花引燃有机溶剂所致。

2020 年 10 月 14 日晚,某高校的一栋实验楼中,一处电箱因故障发生火灾并引起爆炸。附近楼上的学生发现情况后立即报警求助,随后救援人员赶到现场,很快将火扑灭。事后经过排查,初步认定事故由电箱短路引起。所幸事发时处于夜间,附近没有学生逗留,因此这起事故并未发生人员伤亡。

2008 年 3 月,某大学教学楼突然发生火灾,受大风影响,火势较大,将该楼第四层基本烧毁,过火面积近千平方米。现场一位老师用"无法估计"来形容损失,其表示:"光是建筑设计院在四楼的设备,可能就值上千万元,还有那些没来得及转移的研究成果、软件、设计文档等,其中一位老教授收集了 10 年的学术资料,付之一炬,再难找齐。"事故原因是导线短路引起火灾。

1.3.2　用电隐患

实验室用电隐患主要有以下几方面：

易燃物品压住插座或粉尘落入插座孔造成短路；裸线头代替插头插入插座；乱搭建临时线路；插头或接线板严重过负荷；使用劣质的插头或接线板；随意改动或修理实验室内的供电设备及其线路；没有按照使用说明书规范使用设备；使用设备时无人看守；设备没有运行但是还在通电状态。

1.3.3　预防措施

如何预防用电安全事故？

实验室电路容量、插座的最大负载等应满足仪器设备的功率需求；大功率的用电设备须单独接线；不得乱接电线；使用电气设备时，应保持手部干燥；存在易燃易爆化学品的场所，应避免产生电火花或静电；配电箱前禁止放遮挡物。

保证电气线路的具体安全措施：不能私自拆改实验室的线路；接线板平时要放在台面或绝缘物品上（不要放在地面以免漏水发生短路）；大型仪器、电热设备及有保护接零要求和单项移动式电气设备都应使用三孔插座；新增大功率的仪器时要考虑实验室内配电总容量；含易燃易爆化学品的实验室要安装防爆灯及防爆开关；易燃易爆化学品存储柜应当做好静电接地措施。

1.3.4　突发触电事故施救流程

突发触电事故如何施救？流程如图 1-3 所示。

（1）切断电源：现场救治应首先火速断开开关，切断电源；当电源开关离触电地点较远时，可用绝缘工具（如绝缘手钳、干燥木柄的斧等）将电线切断，切断的电线应妥善放置，以防误触。

（2）移开电线：当带电的导线误落在触电者身上或触电者无法脱离漏电设备时，可用绝缘物体（如干燥的木棒、竹竿等）将导线移开，也可用干燥的衣服、毛巾、绳子等拧成带子套在触电者身上，将其拉出。

（3）做好防护：救护人员注意穿上胶底鞋或站在干燥的木板上，妥善处理，使伤员脱离电源。

（4）密切关注：如触电者伤势较轻，应让伤者休息，不要使其走动，以减轻心脏负担，密切观察呼吸和脉搏变化，并请医生前来诊治或送医院就医；如触电者神志不清，心脏有

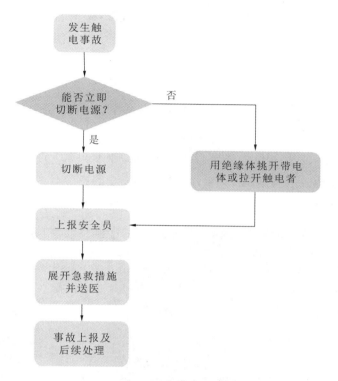

图 1-3　突发触电事故施救流程

跳动,但呼吸微弱甚至停止,应让其平卧,解开衣服,用仰头举颏法使气道开放,并进行人工呼吸,同时速请医生诊治或送医院就医。

(5)心肺复苏:如果触电者伤势严重,呼吸及心跳停止,应立即施行心肺复苏(人工呼吸和胸外心脏按压),并速请医生诊治或送医院就医。在送医途中,不能停止急救。

(6)小面积灼伤:体表电灼伤创面周围皮肤用碘伏处理后,加盖无菌敷料包扎,以减少污染。若伤口继发性出血,应给予相应处理。

(7)注意事项:未切断电源前,抢救者切勿用手直接拉碰触电者,这样会导致自己也立即触电受伤。对于触电者的急救应争分夺秒,有些遭受严重电击的患者当时症状虽不重,但在 1 小时后可能突然恶化,所以不能掉以轻心。有些患者触电后,心跳和呼吸极其微弱,甚至暂时停止,处于“假死状态”,这正是抢救的黄金期,不可轻易放弃对触电者的抢救。对呼吸、心跳停止的触电者,应一面进行心肺复苏,一面紧急联系附近医院做进一步治疗;在转送病人去医院途中,抢救工作不能中断。

1.3.5　常见用电安全隐患

实验室工作人员必须时刻牢记“安全第一,预防为主”的方针和“谁主管,谁负责”的原则,做好实验室用电安全工作。使用电子仪器设备时,应先了解其性能,按操作规程操作。实验前先检查用电设备,再接通电源;实验结束后,先关闭仪器设备,再断开电源。若电气设备发生过热现象或出现焦煳味时,应立即切断电源。实验室人员如离开实验室或遇突然断电,应断开电源,尤其要断开加热电器的电源。实验室内不乱接乱拉电线,不超负荷用电,不使用大功率电器;不应有裸露电芯的电线,严禁用金属丝代替保险丝;电源开关箱内不要堆放物品;电气设备和线路、插头插座应经常检查,保持完好状态,发现可能引起火花、短路、发热和绝缘破损、老化等情况必须通知电工进行修理。

以下针对实验室的安全问题,介绍几种常见的安全隐患。

(1)接线板不固定,位置不合理(特别是置于地面,如图1-4),水槽附近未作防护。

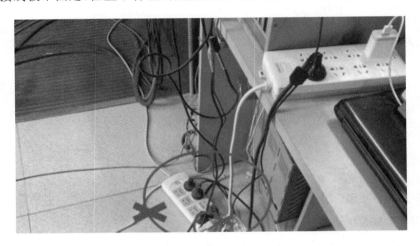

图1-4　接线板置于地面、未固定

风险危害:置于地面的接线板会因潮湿、粉尘等环境因素而短路;同时也易绊倒实验人员导致意外伤害。

规范要求:应避免将接线板置于地面、暖气、水槽、高温设备表面或附近等不安全位置,确需置于水槽附近的应增设防护挡板或防护罩并张贴警示标志;临时接通的接线板使用后及时断电收回;杜绝实验人员湿手操作。

(2)配电柜/箱、开关、插座等有遮挡,附近堆放高温设备、易燃易爆或腐蚀性物品等(如烘箱、气瓶、药品柜),缺少警示标识,如图1-5所示。

风险危害:配电柜/箱被遮挡,紧急情况下会妨碍操作;周围堆放易燃易爆品,存在火灾、爆炸等隐患。

规范要求:配电柜/箱附近应无遮挡,用电产品及电气线路附近不堆放杂物并张贴警示标识;专门的配电房或大型配电箱应上锁。

(3)无人看管下长时间开启用电器,未张贴用电和及时断电提醒警示标识,在无人看管时充电,如图 1-6 所示。

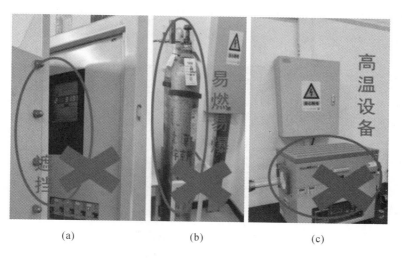

图 1-5　配电箱使用不规范

(a)配电箱前有遮挡;(b)配电箱周围有易燃易爆气瓶;(c)配电箱周围放置烘箱

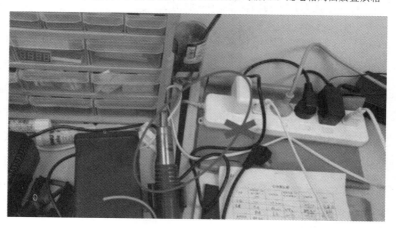

图 1-6　不用的电烙铁未断电

　　风险危害:无人看管下长时间开启用电器会使设备过热,导致设备损坏甚至引发火灾;无人看管下电池过充有火灾风险。

　　规范要求:仪器使用完毕后应当及时断电,实验室张贴用电和及时断电提醒警示标识;实验人员不应远离充电设备,无人看管时应停止充电,充满后及时断电。

1.4　材料学科实验室用气安全

在高校实验室日常检查中,我们经常发现实验室用气存在各种各样的问题,如图 1-7

所示。实验室气体流通范围广,使用条件多变,难以掌握。气体事故常见的危险特性如下:潜在的爆炸危险性大;事故现场毒性大,人员伤亡多;事故的多样性导致泄漏处置十分困难。

(a)   (b)

图 1-7　实验室气瓶隐患

(a) 气瓶无状态卡;(b) 管道连接错误

1.4.1　实验室用气事故警示案例

2016 年 10 月 10 日上午,某化物所某研究人员进入实验室做实验,在打开气瓶瓶阀瞬间突然发生爆炸,其中一块气瓶瓶体碎片插入研究人员右腿。气瓶爆炸产生的火焰造成研究人员面部、双上肢烧伤,并且点燃周围的一台电脑。经事故调查组现场勘查,造成此次事故发生的原因为气瓶内充装的混合气本身具有可爆性;操作人员在打开瓶阀瞬间,不可避免会造成混合气体从高压向低压流动,产生静电或高温,使混合气体具有了点火能量,点燃密闭气瓶内的可燃混合气体,引起爆炸。在毫秒级时间内气瓶内的压力超过气瓶能够承受的爆破压力,气瓶爆裂,同时强大的压力波对周围人员和环境造成伤害,瓶内喷射的火焰形成可见火球,点燃周围物体。

2009 年 7 月 3 日中午,某大学理学院化学系博士研究生 A 发现博士研究生 B 昏倒在催化研究所 211 室,随后 A 也晕倒在地。警方对事件进行初步调查后发现,事发当日在化学系催化研究所做实验过程中,相关实验人员误将本应接入 307 实验室的一氧化碳气体接至通向 211 室的输气管,最终导致人员伤亡。

1.4.2　预防措施

如何预防事故发生?

一般来说,实验室气体存储方式分为分散存储和集中供气存储两种类型。

分散存储在实验室时做好气瓶固定,固定位置一般为气瓶瓶身上方 2/3 处;并做好防曝晒、防泄漏工作;涉及危险气体时建议使用专业气瓶柜存储,使用专用气体泄漏报警器实时监测,并做好标识标签管理,切勿混放,常见的安全警示标识如图 1-8 所示。

图 1-8　安全警示标识

　　集中供气存储主要采用气瓶房,房间内各类电器须为防爆电器,避免照明回路故障产生的电火花引爆周围的易燃易爆气体,同时对于进出人员要做好除静电工作。

　　不论采用何种存储方式,都须注意气瓶应分类存储。空瓶和满瓶分开,氧气或其他氧化性气体气瓶与燃料和其他易燃材料气瓶分开;乙炔气瓶与氧气瓶、氯气瓶及易燃气体气瓶分室,毒性气体气瓶分室,瓶内介质相互接触能引起燃烧、爆炸或产生毒物的气瓶分室。易燃气体气瓶储存场所禁止吸烟,禁止从事明火和生成火花的工作,并设置相应的警示标识。

　　气瓶(包括空瓶)存储时应将瓶阀关闭,卸下减压器,戴上并旋紧气瓶帽,整齐排放。盛装不宜长期存放或限期存放气体(如氯乙烯、氯化氢、甲醚等)的气瓶,应注明存放期限。存储毒性或可燃性气体气瓶的室内储存场所,必须监测储存点空气中毒性气体或可燃性气体的浓度。

　　气瓶使用过程中须注意:

　　(1)开阀门时,要缓慢打开,不能突然开到最大;

　　(2)关阀门时,确保气体不流出即可,不要过度用力;

　　(3)保持阀门、减压阀、接头、软管和设备清洁,没有油和油脂(在加压的纯氧环境中会引起爆炸);

　　(4)如果发现气瓶泄漏,应立即关闭钢瓶阀,并及时通知管理人员。

1.4.3　气体泄漏事故处理措施

　　发生气体泄漏事故,应如何处理?

由于气体的理化性质不同,存储方式和生产装置各异,气体泄漏扩散形状大相径庭,而且扩散过程易受泄漏源位置、泄漏速度、泄漏方向和泄漏气体密度等内在因素影响,并受风速、风向、地形和地表建筑环境等外在因素的影响,因此气体泄漏事故处置行动不可能在短期内完成,必须得到有关机关、部门等专业人员的积极有效配合。

发生气体泄漏事故时,首先要使伤病人员脱离险区,移至安全地带,如将因滑坡、塌方而被砸伤的伤员搬运至安全地带;将急性中毒的病人尽快带离中毒现场,搬至空气流通区;对触电的患者,要立即切断电源等。现场救护人员要沉着冷静,切忌惊慌失措,应尽快对受伤或中毒人员进行仔细检查,确定伤情。

1.5 材料学科实验室危险源识别及控制措施

1.5.1 危险源

危险源是指可能导致人员伤害或疾病、物质财产损失、工作环境破坏或这些情况组合的根源或状态因素。它的实质是具有潜在危险的源点或部位,是爆发事故的源头。

危险源具有三个要素:潜在危险性、存在条件和触发因素。危险源的潜在危险性是指一旦触发事故,可能带来的危害程度或损失大小。危险源的存在条件是指危险源所处的物理、化学状态和约束条件状态,例如:物质的压力、温度、化学稳定性,盛装压力容器的坚固性,周围环境障碍物等情况。触发因素是危险源转化为事故的外因,每一类型的危险源都有相应的敏感触发因素,如易燃、易爆物质,热能、静电、摩擦、震动都是其敏感的触发因素,又如压力容器,压力升高是其敏感触发因素。因此,一定的危险源总是与相应的触发因素相关联。在触发因素的作用下,危险源会转化为危险状态,继而转化为事故。

1.5.2 危险源辨识

1. 危险源辨识概念

危险源辨识是识别危险源并确定其特性的过程。因此,危险源辨识不仅包括对危险源的识别,还必须对其性质加以判断。

2. 危险源辨识思路

危险源辨识的思路是首先要识别危险源,接着要确定其特性,即确定危险源状态是好是坏,若一旦失控会诱发何种事故,什么人、什么物会受到伤害。对装置和活动我们要辨识"三种时态""三种状态""四个因素",如图 1-9 所示。

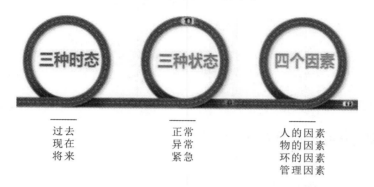

过去　　　　　正常　　　　　人的因素
现在　　　　　异常　　　　　物的因素
将来　　　　　紧急　　　　　环的因素
　　　　　　　　　　　　　　管理因素

图 1-9　危险源辨识思路

在进行危险源辨识时,我们应注意:危险源具有相对的独立性,如一套装置、一项活动等,至少包含一类能量或危险有害物质,并且危险源的风险应是需要管控的。低风险的设备、装置、区域可忽略,如办公活动、电脑等可以不进行危险源辨识;对于同类型的装置、设备能否一并识别,我们也不能一概而论地"合并同类项",如不同型号的压力容器,应考虑不同的位置、类型和危险程度,分别进行危险源辨识。

3. 危险源辨识方法及程序

国内外已经开发出的危险源辨识方法有几十种之多,如安全检查表分析、预先危险性分析、危险和操作性研究、故障类型和影响分析、事件树分析、故障树分析、作业条件危险性评价法等。

针对高校实验室特点,推荐使用安全检查表分析、预先危险性分析进行高校实验室危险源辨识,以下分别对上述两种方法进行介绍。

1) 安全检查表分析

安全检查表分析是依据相关的标准(规范)对工程(系统)中已知的危险类别、设计缺陷以及与一般工艺设备、操作、管理有关的潜在危险性和有害性进行判别检查的方法。安全检查表分析适用于工程(系统)的各个阶段,是系统安全工程中最基础、最简便、应用广泛的系统危险性评价方法。

目前高校实验室检查主要依据《高等学校实验室安全检查项目表》和《科研建筑设计标准》(JGJ 91—2019)开展,因此可依据标准、国内外实验室事故案例、本单位的经验、系统安全分析确定的危险部位及防范措施、研究成果等列出相应的安全检查表,对实验室危险源进行辨识。表 1-1 为常见的安全检查表样式示例。

表 1-1　高校实验室安全检查表样式示例

序　号	检查项目和内容	检查结果描述	检 查 依 据	改进措施/预防方法	备　注

在开展危险源辨识时，可针对实验室工作内容对安全检查表样式和内容作出适当调整。

2）预先危险性分析

预先危险性分析是在每项生产活动之前，对系统存在的危险类别、出现条件、事故后果等进行概略分析，尽可能评价出潜在危险性的方法。预先危险性分析程序如图 1-10 所示。

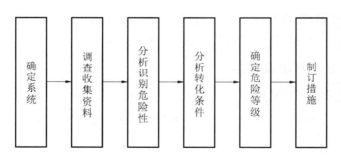

图 1-10　预先危险性分析程序

为了评判危险、有害因素的危害等级以及它们对系统破坏性的影响大小，预先危险性分析法给出了各类危险性的划分标准。该法将危险性划分为四个等级（见表 1-2）。

表 1-2　预先危险性分析危险性等级划分

级别	危险程度	可能导致的后果
Ⅰ	安全的	不会造成人员伤亡及系统损坏
Ⅱ	临界的	处于事故的边缘状态，暂时还不至于造成人员伤亡
Ⅲ	危险的	会造成人员伤亡和系统损坏，要立即采取防范措施
Ⅳ	灾难性的	会造成人员重大伤亡及系统严重破坏的灾难性事故，必须予以果断排除并进行重点防范

以下列出常用的预先危险性分析表格样式供参考（见表 1-3）。

表 1-3　高校实验室预先危险性分析表格样式示例

危　险	原　因	后　果	危险等级	改进措施/预防方法	备　注

4. 危险源辨识内容

实验室导致事故发生的原因可分为四类:人的不安全行为、物的不安全状态、环境因素、管理缺陷。其中人的不安全行为和物的不安全状态是导致事故发生的两个主要原因。

为进一步提升实验室师生安全意识,提高预防事故和应急处置能力,各高校应着力推进科研实验室危险源辨识工作。各院系科研实验室须依据要求针对各自科研实验专业特点,参照 GB/T 13861—2022《生产过程危险和有害因素分类与代码》,从人、物、环境、管理四个因素入手,"自下而上"开展危险源辨识工作,就实验室可能导致事故的物品、设备、活动找出危险因素,列出可能导致的对应事故类别,提出针对这些危险有害因素应采取的安全控制措施,并给出在出现安全事故时应采取的应急措施。

(1)人的因素。

在高校实验室发生的教学和科研实践活动中,人是一切行为的主体。人的因素是影响实验室安全的最主要因素。从事实验室工作的主体对象包括学生、科研人员和实验技术人员。除了科研人员和实验技术人员相对固定外,学生流动性强,人员在实验过程中的不安全行为是造成危险源事故的重要原因。不安全行为因素既包括心理、生理性因素(如健康状况异常、情绪异常等),还包括一些违章、违规操作等行为性因素(如独自一人进行加热、蒸馏、搅拌操作或是开展上述实验时无人值守等)。

例如在某实验室,一博士研究生使用高压灭菌器对培养液进行灭菌操作。在完成灭菌作业、灭菌器腔内压力降为零后,该生开盖取出培养液玻璃瓶过程中,瓶子突然爆裂,导致该生面部被玻璃片划伤,左眼视网膜、双手及胸部多处被蒸汽灼伤。后查明该起事故原因:该生在对培养液进行灭菌操作过程中,未按要求等待培养液随灭菌器自然冷却,而是违规操作,强制排汽冷却,在取出培养液玻璃瓶时瓶体开裂,出现培养液爆沸现象,导致人体被玻璃碎片划伤和被蒸汽灼伤。该起事故由"人的不安全行为"引发。

因此,在日常的实验室工作中,应加大安全培训力度,加强安全检查和隐患整改,保证实验室行为规范化、标准化,尽可能避免实验中的不安全行为。

（2）物的因素。

实验室中人（行为主体）支配的一切要素都可以归入物的范畴，主要包括机械、设备、设施和物料等。物的因素包括物理性、化学性、生物性因素，如设备设施、工具、附件缺陷；爆炸品、有毒品、腐蚀品；致病微生物、传染性媒介物、致害动物等。

例如在某实验室，一硕士研究生使用油浴锅制备光纤材料，制备过程需要设备连续运行48小时。当晚22时左右，学生在确认设备工作正常、材料制备过程稳定后离开实验室。深夜该楼消防监控系统捕获该实验室有烟雾并报警，安全值班员迅速断开实验室电源，随后用灭火器、水对局部引燃点及烟雾进行处理，有效阻止了事故进一步扩大。后查明该起事故原因为：油浴锅连续运行48小时过程中，线路故障导致其控制程序失常，油温失控导致硅油超温引燃。该起事故由"物的不安全状态"引发。

因此，在实验过程中，要选择与实验匹配的设备设施，加强防护，增加安全标识；长时间运行的设备，在使用前应检查线路是否完好正常；有设备夜间工作而无人值守情况存在时，应安装监控报警装置，将风险降到可以接受的范围内。

（3）环境因素。

实验室环境因素主要指室内环境，包括作业场所、布局、温湿度、光照、通风等情况。如不少实验室存在物品摆放无序、随意，学生在实验室饮食，安全通道堵塞，实验场所和办公场所共用等问题。上述种种不合理因素叠加在一起，一旦有诱因，就会如同多米诺骨牌一样，引发较大的安全事故。

（4）管理因素。

实验室安全不仅依赖于硬件设备设施，还依赖于规范的管理。要保障实验室安全，必须建立实验室安全管理的长效机制，组建实验室安全管理机构，配备实验室安全管理人员，建立健全实验室安全责任体系，制订规范的实验室管理工作制度和安全操作规程，并将上述工作落到实处。表1-4给出实验室常见作业活动及其危险因素和控制措施。

表1-4　实验室常见作业活动及其危险因素和控制措施

序号	作业活动	危险因素	可能导致的事故	控制措施
1	抗燃(EH)油的取样化验	EH油溅到身上	中毒	应穿好工作服，必须戴手套及防护眼镜；工作现场不允许吸烟和饮食；实验完后用水、肥皂清洗干净操作台和相关物品
2	化学药品的使用	不熟悉药品的性质	人身伤害	使用药品前要熟知药品性质；做好个人安全防护
		使用过期药品		所使用药品必须在合格期内；对无标签药品未经验证绝不使用；使用药品前要做好事故预想

序号	作业活动	危险因素	可能导致的事故	控制措施
2	化学药品的使用	化学药品流失	人身伤害	化学药品库的门窗完好、牢固,有较强防盗功能;药品库装两把门锁,由两人分别管理;只有两人同时到达现场才能进入药品库;严格执行化学药品管理制度,做好药品入库登记;非化学实验室人员不得领用化学药品
3	化学药品的储藏	药品未按规定集中储藏	爆炸、火灾、人身伤害	化学药品应放在专门的储存柜或储存库中;必须保持药品瓶标签完整;对无标签的药品,未经验证绝不使用
		过期药品未清除		所有药品要按类别进行领用登记,并注明药品生产日期;定期检查药品是否变质
		未按化学性质将药品分开储放		按化学性质将药品分开储放,氧化剂、还原剂、易燃物、易爆物、剧毒物等要加以区别,切不可混放在一起
4	化学仪表的使用与维护	直接接触带电部位	触电	不要接触或靠近电压高、电流大部位;湿手不得接触电气设备
5	马弗炉实验	容器材料和耐火材料选择错误	火灾、触电	按照实验性质,配备最合适的灭火设备;按照操作温度不同选用合适的容器材料和耐火材料
		实验中带入大量水	水蒸气爆炸	高温实验禁止接触水
		个人防护措施不当	高温对人体产生辐射	注意防护高温对人体的辐射
6	玻璃器皿的使用	使用有裂痕的仪器	割伤	玻璃器具在使用前应仔细检查,避免使用有裂痕的仪器
		玻璃器皿对接不当		将玻璃器皿对接使用时,注意防止割伤
		使用非加热器皿加热	烧伤、玻璃器皿爆炸	烧杯、烧瓶及试管用于加热,必须按规定小心操作;非加热器皿严禁加热
		在打开封闭管或紧密塞着的容器前,未泄压		应缓慢泄压后再打开
7	炎热天气巡查露天设备	毒蛇类爬行动物伤人	人身伤害	要保持巡视区域照明充足;在露天场所巡查或操作设备时,一定要带手电筒;夜间少行或禁行草地;进出值班室注意关门

续表

序号	作业活动	危险因素	可能导致的事故	控 制 措 施
8	浓酸的输送	法兰盘、设备泄漏	腐蚀设备、污染环境、人身伤害	输送浓酸时,应加强对相关管道、法兰、阀门的巡视;发现酸系统有泄漏点时,应迅速汇报上级并将水源引至漏酸点;当可能危及其他设备时,应在安全状况许可下,尽量将设备与漏酸点隔开。同时,尽量将漏酸量控制在最小;加强值班员对酸危害的认识,做好个人的安全防护工作
9	浓酸的贮存	法兰盘、设备泄漏	腐蚀设备、污染环境、人身伤害	加强对酸系统相关设备的巡查,注意有无泄漏。巡查时应小心,酸雾吸收器应处于运行状态;发现酸系统泄漏后,应迅速处理,避免造成环境污染;对设备、地面必须进行防腐处理
		酸系统旁无充足水源		保证酸系统附近有充足水源
10	浓碱的输送与贮存	法兰盘、设备泄漏	腐蚀设备、污染环境、人身伤害	加强对碱系统相关设备的巡查,注意有无泄漏。巡查时应小心,保证碱系统附近有充足水源;发现碱系统泄漏后,应迅速处理,避免造成环境污染;加强值班员对碱危害的认识,做好个人安全防护工作;对设备、地面必须进行防腐处理
11	水处理酸碱区的巡查	法兰盘、设备泄漏	腐蚀设备、污染环境、人身伤害	运行人员加强巡视酸碱区的管道、设备,发现问题后及时汇报并处理;酸雾吸收器的喷水处必须长期开启,并保持足够的流量;酸碱区管道、设备不能有任何滴漏,一旦出现滴漏必须及时消除;当酸碱滴到地面时,必须用水彻底冲洗干净
		酸碱系统旁无充足水源		保证酸碱系统附近有充足水源;加强值班员对浓酸、浓碱危害性的认识
12	对高温取样架阀门的操作	高温取样架阀门操作不当	人身伤害、烫伤、系统憋压	工作人员应穿合适的工作服,并且戴手套和安全帽,严禁穿短袖和短裤进行操作;人员在高温取样间的停留时间应尽量短;若感到不适,应离开现场,防止中暑休克的事故发生;操作高温取样架阀门前,应核对流程是否正确;操作高温取样架阀门时应动作缓慢,防止压力突变而造成泄漏伤人;禁止在高温取样架附近贮存和堆放易燃易爆物品,如汽油、煤油、酒精等;所有工作人员应熟悉烧伤、烫伤的急救措施和有关常识

习　题

1. 实验大楼出现火情且浓烟已蔓延至实验室内时以下哪种行为是正确的？（　　　）

A. 沿地面匍匐前进，当逃到门口时，不要站立开门

B. 打开实验室门后不用随手关门

C. 从楼上向楼下外逃时可以乘电梯

2. 实验大楼安全出口的疏散门应（　　　）。

A. 自由开启

B. 向外开启

C. 向内开启

D. 关闭，需要时可自行开启

3. 被火困在室内，如何逃生？（　　　）

A. 跳楼

B. 到窗口或阳台挥动物品求救，用床单或绳子拴在室内牢固处下到下一层逃生

C. 躲到床下，等待救援

D. 打开门，冲出去

4. 实验开始前应该做好哪些准备？（　　　）

A. 必须认真预习，理清实验思路

B. 应仔细检查仪器是否有破损，掌握正确使用仪器的要点，弄清水、电、气的管线开关和标记，保持清醒头脑，避免违规操作

C. 了解实验中使用的药品的性能和有可能引起的危害及相应的注意事项

D. 以上都是

5. 下列关于实验室操作及安全的叙述，正确的是（　　　）。

A. 实验后所取用的剩余药品应小心倒回原容器，以免浪费

B. 当强碱溶液溅出时，可先用大量的水稀释后再处理

C. 温度计破碎流出的汞，宜洒上盐酸使之反应为氯化汞后再清理

6. 处理使用后的废液时，下列哪个说法是错误的？（　　　）

A. 不明的废液不可混合收集存放

B. 废液不可任意处理

C. 禁止将水以外的任何物质倒入下水道，以免造成环境污染和人身危险

D. 少量废液用水稀释后，可直接倒入下水道

7.处置实验过程中产生的剧毒药品废液,以下说法错误的是(　　　)。

A.妥善保管

B.不得随意丢弃、掩埋

C.集中保存,统一处理

D.稀释后用大量水冲净

8.使用碱金属引起燃烧应如何处理?(　　　)

A.马上使用灭火器灭火

B.马上向燃烧处浇水灭火

C.马上用石棉布向燃烧处盖沙子,尽快将燃烧源移去临近其他溶剂,关闭热源和电源,再用灭火器灭火

D.以上都对

9.试剂或异物溅入眼内,下列处理措施正确的是(　　　)。

A.溴:大量水洗,再用 1% $NaHCO_3$ 溶液洗

B.酸:大量水洗,再用 $1\%\sim2\%$ $NaHCO_3$ 溶液洗

C.碱:大量水洗,再用 1% 硼酸溶液洗

D.以上都对

10.下列关于存储化学品的说法错误的是(　　　)。

A.化学危险物品应当分类、分项存放,相互之间保持安全距离

B.遇火/遇潮容易燃烧、爆炸或产生有毒气体的化学危险品,不得在露天、潮湿、漏雨或低洼容易积水的地点存放

C.受阳光照射易燃烧、易爆炸或产生有毒气体的化学危险品和桶装/罐装等易燃液体、气体应当在密闭地点存放

D.防护和灭火方法相互抵触的化学危险品,不得在同一仓库或同一储存室存放

第2章 化学类试剂及玻璃仪器的安全使用规范

2.1 化学类实验室的安全概述

由于化学类实验室所用的药品多数是有毒、可燃、有腐蚀性或爆炸性的,所用的仪器大部分又是玻璃制品,所以在实验过程中若粗心大意,就容易发生事故,如割伤、烧伤、火灾、中毒和爆炸等。因此,必须充分认识到化学实验室是具有潜在危险的场所。只要我们重视安全问题,思想上提高警惕,实验时严格遵守操作规程,加强安全措施,大多数事故是可以避免的。

2.1.1 进入化学类实验室前的基本要求

(1)学生要有良好的精神、身体状态,思路清晰,不能带病进入实验室;要清楚实验内容,并根据老师的要求做好相应准备。

(2)学生应牢固树立"安全第一"的思想,要对自己和周围人的安全以及公共财产负责。

(3)学生进入实验室前,须进行安全学习,并通过安全准入考核。

(4)进入实验室前,长发女生要把头发整理好,紧紧盘在头上;进入特殊实验场所必须戴工作帽。

(5)女生不能穿裙子或宽松肥大的服装,也不能穿露肤度高的服装以及拖鞋进入实验室。

(6)男生不能穿背心或者宽松肥大的服装,也不能穿露肤度高的服装以及拖鞋进入实验室。

(7)操作生物实验和有毒有害化工实验的学生,要穿专门的实验防护服,佩戴防护眼镜、手套或者防毒面具等保护人身安全的有关装备。

(8)实验室内不允许吸烟、喝酒、饮食,严禁追逐打闹。

(9)学生须认真接受学院组织的相关实验培训,聆听老师关于实验程序和实验室安全的讲解,有不懂的地方要及时向老师请教。

(10) 学生进入实验室时,要阅读该实验室的安全注意事项和设备使用章程;发现实验环境存在一定的安全隐患,或者不符合实验要求的地方,要及时向指导老师报告。

(11) 实验室必须保持整洁、有序。地面无试剂、杂物,实验台干净整洁,通风橱整洁无试剂,洗缸配置合理,室内物品摆放有序不影响通行,冰箱、烘箱周围不得堆放易燃物。

(12) 所有样品试剂必须有标签且明确清晰。学生不能使用无标签试剂。

(13) 实验操作、药品管理、仪器使用、废弃物处理及用水用电安全要规范。无违章冒险操作。试剂要分类存放,数量合理且定期清理(含冰箱内药品);废试剂分类装桶回收,严禁混装;不得将废试剂桶放在通风橱内;实验废试剂及实验垃圾要与生活垃圾分开处理。仪器不用时必须断电,特别是夜间不用的电脑、饮水机也必须断电;及时关闭不用的水龙头,避免漏水。

(14) 严格控制易燃、易爆化学品的储存数量。实验室中不得存放剧毒化学品。试剂无囤积情况,并放进相应柜内;常用试剂每日领取且当天用完,建立药品数据库。剧毒品当天领用,当天使用,剩余药品当天必须退库。

(15) 单独一人不能在实验室做危险或有潜在危险的实验。

(16) 钢瓶必须固定,实验室应按最低使用量放置钢瓶。装有易燃易爆、有毒有害气体的钢瓶必须做好相关防护。

(17) 通风橱移门尽量保持关闭。

2.1.2　实验过程中的注意事项

(1) 严格遵守实验室各项安全注意事项和设备使用章程,按程序进行实验;避免一切与实验无关的操作,如不要随意启动实验设备开关、按动按钮等,防止意外事故发生。

(2) 启动实验设备前,首先要检查是否按该台设备的启动要求做好了充分准备。

(3) 使用高温电热设备时,周边不能放置易燃、易爆物品。

(4) 使用高温电热设备时,使用人不能脱离岗位。不能过分相信自动控制电路的作用,因为一旦温度传感器损坏或者控制电路失灵,会导致加热温度过高,烧坏设备,故使用中要随时监控、观察温度的变化情况,发现问题时要果断关闭电源并及时报告老师。

(5) 发现使用的电气设备散热装置损坏,造成局部温度升高时,要立刻关停设备,并报告老师,等待维修。

(6) 严禁擅自离开正在运行的设备(特别是运行中无人管理时存在安全隐患的设备)。对自己使用的设备要有责任心,在保证自身安全的同时也要保证设备安全。

(7) 如果设备发生故障,要及时报告老师,不能擅自拆卸实验仪器设备;实验中有不明白的地方要多向老师请教。

2.1.3　实验完成后的注意事项

（1）按程序要求关停运行的机器设备；需要泄压的高压容器要泄压。

（2）关停不使用的电闸、水阀、气阀，熄灭火源，关闭高温热源。

（3）对使用过的工具、量具等与实验相关的物品进行清洁整理，并清点如数放回原处或交还老师。

（4）做好实验环境清洁和个人卫生。

（5）如果发现安全问题或安全隐患，及时向老师报告。

2.2　危险化学品的采购、存储及使用

2.2.1　危险化学品的安全隐患

（1）危险化学品通常具有易燃、易爆、腐蚀性、毒害性和放射性等危险性质。

（2）腐蚀性化学药品会损伤或烧毁皮肤。

（3）有些易燃危险化学品在受热、遇湿撞击、摩擦、遇到电弧或与某些物质（如氧化剂）接触后，会引起燃烧或爆炸。

（4）化学药品配制、使用不当可能引起爆炸或者液体飞溅；随意倾倒化学废液会导致环境污染。

（5）微量剧毒药品侵入机体，短时间内即可使人、畜严重中毒致残或有生命危险；剧毒药品使用不当会造成环境的严重污染。

（6）短时间大剂量的射线照射会导致人体机体病变，长时间小剂量的射线有可能产生遗传效应，大量吸入放射性物质可能导致人体内脏发生病变。

2.2.2　危险化学品采购

1. 危险化学品

危险化学品包括：国家安全生产监督管理总局等 10 部门联合公布的《危险化学品名录》中的剧毒化学品和非剧毒化学品；公安部公布的《易制爆危险化学品名录》中的化学品；国务院公布的《易制毒化学品的分类和品种目录》中的化学品；国家食品药品监督管理总局等 3 部门联合公布的《麻醉药品品种目录》和《精神药品品种目录》中的药品；国务

院公布的《医疗用毒性药品目录》中的药品。其中易制毒(爆)化学品、剧毒化学品、麻醉药品、精神药品和医疗用毒性药品统称为管制类危险化学品,其余危险化学品统称为非管制类危险化学品。

2. 危险化学品的申购流程

(1) 申购人填写"危险化学品申购审批表"。

(2) 申购人所在实验室的负责人和所在院(系)的安全管理员及分管领导审核、审批"危险化学品申购审批表"。

(3) 对于非管制类危险化学品,取得实验室和院(系)审核、审批同意后,申购人可依照国家相关法律法规和学校相关采购规定实施采购。

(4) 对于管制类危险化学品,取得实验室和院(系)审核、审批同意后,还须将"危险化学品申购审批表"以及相关申请材料提交实验室与设备管理处(以下简称实设处)审核;实设处审核同意后,根据管制类危险化学品的种类,由实设处或申购人向行政主管部门提交购买申请。实验室凭行政主管部门开具的购买凭证实施采购。

(5) 须严格按照国家相关法律法规运输购置危险化学品。严禁随身携带、夹带危险化学品乘坐公共交通工具。

以易制毒化学品和易制爆化学品为例,申购流程如图 2-1 和图 2-2 所示。

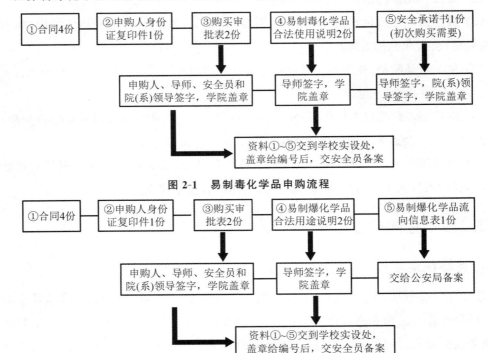

图 2-1　易制毒化学品申购流程

图 2-2　易制爆化学品申购流程

3. 危险化学品入库与备案

各实验室购置的危险化学品须在到货当日办理入库手续。入库手续包括:实验室负责人根据"危险化学品申购审批表"、采购合同或供货清单、发票核对危险化学品的名称和数量,确认上述各项相互一致后,建立本实验室的危险化学品入库登记台账;院(系)安全管理员核查危险化学品的存放条件,确认安全措施到位、存放规范后在供货清单上签字并将供货清单复印件存档;院(系)安全管理员根据各实验室的供货清单建立本单位危险化学品登记台账。申购人持"危险化学品申购审批表"、供货清单和发票到实设处审核备案后方可办理财务报账手续。

4. 危险化学品存放与保管

实验室购置的危险化学品应按规定存放在专用储存室(柜)内,并设专人(必须是经过专业培训的在职人员)管理。所有化学品和配制试剂都应贴有明显标签,并配有危险化学品技术说明书(MSDS),杜绝标签缺失、新旧标签共存、标签信息不全或不清等混乱现象。实验室根据所存放危险化学品的种类和危险特性,在储存危险化学品的场所设置相应的防盗、监测、监控、通风、防晒、调温、防火、灭火、防爆、泄压、防毒、中和、防潮、防雷、防静电、防腐、防泄漏以及防护围堤或者隔离等安全设施、设备,定期检测、维护安全设施、设备,确保其正常运行。配制的试剂、反应产物等应标注名称、浓度或纯度、责任人、日期等信息。实验室不得存放大桶试剂和大量试剂,严禁存放大量的易燃易爆品及强氧化剂;化学品应密封、分类、合理存放,切勿将不相容的、相互作用会发生剧烈反应的化学品混放。实验室须建立并及时更新化学品台账,及时清理无名、废旧化学品。

危险化学品应根据国家规定的安全要求分类分项存放,不同类别危险化学品的存放应达到规定的安全距离。需要特别注意的是:易燃易爆危险化学品必须根据各自不同的危险特性,分类分项存放在易燃易爆储存柜内,不得混存;遇火、遇潮容易燃烧、爆炸或产生有毒气体的危险化学品不得在露天、潮湿、漏雨和低洼容易积水地点存放;受阳光照射容易燃烧、爆炸或产生有毒气体的危险化学品和桶装、罐装等易燃液体、气体应当在阴凉通风地点存放;化学性质或防火、灭火方法相互抵触的危险化学品不得在同一储存室(柜)存放。

剧毒化学品、麻醉药品和精神药品须存放在不易移动的保险柜或带双锁的冰箱内,并且存放场所应安装监控设施。对此类化学品的管理应做到:双人收发、双人记账、双人双锁、双人运输、双人使用。剧毒化学品管理人员须取得上岗资格证后方可上岗。易爆品应与易燃品、氧化剂隔离存放,宜存于 20 ℃以下,最好保存在防爆试剂柜、防爆冰箱或经过防爆改造的冰箱内。危险化学品专用储存室(柜)应在醒目的位置设置警示标识和指示牌,指示牌上必须注明负责人及其联系方式以及所存放化学品的名称、危险特性、预防措施、应急措施等相关信息。腐蚀品应放在防腐蚀试剂柜的下层,或下垫防腐蚀托盘,置于普通试剂柜的下层。

易燃、易爆、腐蚀性、助燃、剧毒性等压缩气体的存放须符合相关安全规定,尤其应注意:气瓶应存放在通风良好的场所,并有固定措施;容易引起燃烧、爆炸的不相容(相互反应)气体必须分开存放;气瓶不可靠近热源和火源。

常用危险化学品储存要求见表 2-1。

表 2-1 常用危险化学品储存要求

名　　称	储　存　要　求
浓硫酸	储存于阴凉、通风的库房。存放于低处,与碱类、碱金属、还原剂等隔离
浓盐酸	存放于低处,室内空气保持流通,与碱类、胺类、碱金属、易燃物等隔离
浓硝酸	储存于阴凉、通风的库房,室温不宜超过 30 ℃。远离火种、热源。保持容器密封,与还原剂、碱类、醇类、碱金属等分开存放
碳化钙	储存于密封容器,切勿受潮
氯乙酰	储存于阴凉、干燥、通风良好的库房;包装必须密封,防止受潮,与氧化剂、醇类等分开存放;不宜久存,以免变质;采用防爆型照明、通风设施;禁止在库房使用易产生火花的机械设备和工具
溴	远离火种、热源,保持容器密封,置于底部放有碱石灰的干燥器内。与还原剂、碱金属、易(可)燃物、金属粉末等分开存放。涉及溴的操作必须在通风橱(柜)内进行,用后须把剩余的溴密封在瓶中
甲酸	远离火种、热源,保持容器密封。与氧化剂、碱类、活性金属粉末分开存放
三氯化铝（无水）	储存于阴凉、干燥、通风良好的库房,远离火种、热源。相对湿度保持在 75％ 以下。包装必须密封,切勿受潮。与易(可)燃物、碱类、醇类等分开存放,不宜久存,以免变质
氨水	置于阴凉及低处,与卤素及酸隔离。开瓶时须特别小心
环己胺	远离火种、热源,保持容器密封。与氧化剂、酸类分开存放。储存室内照明、通风等设施采用防爆型,开关设在室外
过氧化氢	置于棕色瓶内,并存放于阴凉处。纯过氧化氢是较稳定的,但若接触到尘埃或金属粉末,则可能会因迅速分解而发生爆炸。稀释后的过氧化氢较为安全
固体氢氧化钾（氢氧化钠）	储存于阴凉、干燥、通风良好的库房,库内湿度最好不大于 85％。远离火种、热源。包装必须密封,切勿受潮。与易(可)燃物、酸类等分开存放
钾、钠	储存于载有石蜡油的密封玻璃瓶内,把玻璃瓶置于金属容器内并保持干燥。如果表面变黄,则可能生成了过氧化物或超氧化物。超氧化物受摩擦或震荡会爆炸,不宜再用,也不应用刀将之切成小块
铝粉、镁粉	保持干燥,并与强氧化剂隔离
黄磷、白磷	浸没于载有水的密封容器内,与空气、氧化剂隔离
硫黄	存于阴凉、通风的库房,包装密封。与氧化剂分开存放

5.危险化学品领用与使用

实验室内相关人员应根据工作需要向负责管理危险化学品的人员领用危险化学品，领取时须按要求做好领用记录。当日未使用完的危险化学品须返回保险柜或专用储存室(柜)内，并做好相应记录。对于管制类危险化学品，领用时须精确计量和记载，防止丢失、被盗、误领、误用，做到"随用随领"，不得多领，使用时须按要求做好使用记录。

使用危险化学品时应严格按照规程规范操作，确保安全。须特别注意的是：危险化学品使用人员事先应经过培训和指导，掌握安全操作方法及有关防护知识。剧毒品的使用须有详细的领用、使用、用量、归还记录，并经保管人签名确认；学生使用剧毒品须由老师带领，临时工作人员不得使用剧毒品；必须戴个人防护用品，在通风橱中操作；配备岗位安全周知卡，做好应急处置方案；使用爆炸性、有毒化学品时，应在通风良好的条件下进行；实验过程中，操作人员穿戴的防护用品和采取的安全措施必须与实验内容的安全等级相匹配。使用可燃、助燃气体时应远离热源、火源；禁止在实验室留宿，夜间进行实验时必须有两人以上在场。

提倡绿色化学、建设环境友好型的化学类实验室。一不用：改用无毒试剂替代苯、汞、汞盐、氯仿等；二少用：尽量少用有毒、有害化学试剂，改为小量或半微量型实验；三少产：回收、提纯再利用苯、乙醚、石油醚、丙酮等；四少排：危险废气废液(氯气、浓盐酸、氨等)通过吸收装置后再排放。

使用前：识别危险，研读 MSDS，根据实验内容做好风险评估，做好防护准备、实验室准备、安全防护培训。

使用中：戴好个人防护装备，严格按规程操作，认真观察记录，不擅自离岗。

实验结束：废弃物按规定分类收集，记录相关信息，移交资质公司处理。做好自身清洁，不带污染物离开。

6.废弃物处置

院(系)和实验室负责本单位和本实验室危险化学品废弃物的收集、存放等管理工作。实验室应按照相关规定将实验产生的危险化学品废弃物分类盛装在容器内，并做好产废记录。盛装须特别注意：对常温常压下易燃、易爆及排出有毒气体的危险化学品废弃物必须进行预处理，使之稳定后贮存，否则按易燃、易爆危险品贮存；高浓度的无机废液须经中和、分解等处理，确认安全后，方可倒入废液容器；禁止将不相容的废弃物在同一容器内混装；装载液体、半固体危险化学品废弃物的容器应留足够空间，容器顶部与液体表面之间保留 100 mm 以上距离；无法装入常用容器的危险废弃物可用防漏胶袋等盛装；盛装危险废弃物的容器上应粘贴实设处统一制作的标签，并按要求如实填写。

　　应当使用符合标准的容器盛装危险废弃物,容器及材质要满足相应的强度要求;盛装危险废弃物的容器必须完好无损;盛装危险废弃物的容器材质和衬里要与危险废弃物相容(不相互反应)。下面所列的废弃物/液不能互相混合:过氧化物与有机物;氰化物、硫化物、次氯酸盐与酸;盐酸、氢氟酸等挥发性酸与不挥发性酸;浓硫酸、磺酸、羟基酸、聚磷酸等酸类与其他的酸;胺盐、挥发性胺与碱等(见图2-3)。

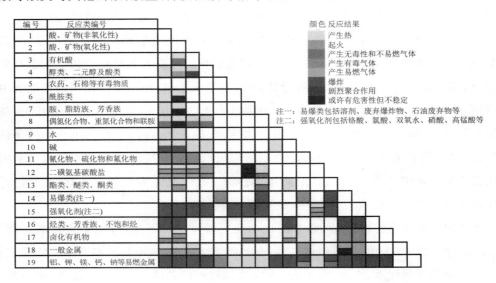

图 2-3　实验室废弃物/液相容情况

　　实验后多余的、新产生的或失效(包括标签丢失、模糊)的危险化学品以及危险化学品的包装容器均须按危险化学品废弃物处置。实验产生的废气应达到国家相关排放标准,未达标的应采取中和、吸收等处理措施,达标后排放。对于失效的麻醉药品和精神药品,院(系)应向实设处提出处置申请,实设处上报行政主管部门,由行政主管部门负责处置。

　　院(系)和实验室应按照国家相关标准将危险化学品废弃物分类存放,并指定专人负责存放场所的安全管理。须特别注意的是,危险废弃物存放场所应在易燃、易爆等危险品的防护区域以外;危险废弃物存放场所必须有泄漏液体收集装置、气体导出口及气体净化装置;用以存放装载液体、半固体危险废弃物容器的地方,必须有耐腐蚀的硬化地面,且表面有防渗漏处理;不相容的危险废弃物必须分开存放,并设置隔断;危险废弃物的存放场所应防风、防雨、防晒,并远离火源、热源,保持良好的通风。实设处负责定期收集危险化学品废弃物,院(系)安全管理员组织人员将废弃物搬运至指定地点,并配合完成装运工作。实验室常见危险废弃物的处置方法如表2-2所示。

表 2-2　实验室常见危险废弃物的处置方法

危险废弃物种类	处置方法
碱金属氢化物、氨化物和钠屑（如 NaH、NaNH$_2$、CaH$_2$）	使其悬浮在干燥的四氢呋喃中，搅拌下慢慢加入乙醇或异丙醇至不再放出氢气，澄清为止，再慢慢倒入落地通风柜内相应的废液桶。黏附在瓶内壁上的少量 NaH 等须用无水乙醇或异丙醇荡洗干净后才算解除危险
硼氢化钠（钾）	用甲醇溶解后，以水充分稀释，再加酸并放置。此时有剧毒、易自燃、易灼伤皮肤的硼烷产生，故所有操作必须在通风橱内进行。其废液用碱中和后倒入落地通风柜内相应的废液桶
酰氯、酸酐、三氯氧磷、五氯化磷、氯化亚砜、硫酰氯、五氧化二磷	在搅拌下加到大量冰水中（不能加反了），再用碱中和，倒入落地通风柜内相应的废液桶
催化剂（Ni、Cu、Fe、Pd/C、贵金属等）或沾有这些催化剂的滤纸、塞内塑料垫等	这些催化剂干燥时常易燃，和空气或有机物气体摩擦也容易燃烧，抽滤时也不能完全抽干，用橡皮管吸取高压釜内有雷尼镍（Raney Ni）的反应液时，注意不能抽空，以免吸附在管内壁上的 Raney Ni 和空气摩擦引起燃烧。用过的催化剂绝不能丢入垃圾桶中，应密封在容器中，用水或有机溶剂盖住，贴好标签统一处理回收
氧气、液溴、二氧化硫	用 NaOH 溶液吸收，中和后倒入落地通风柜内相应的废液桶
氯磺酸、浓硫酸、浓盐酸、发烟硫酸	在搅拌下，滴加到大量冰或冰水中，用碱中和后倒入落地通风柜内相应的废液桶
硫酸二甲酯	在搅拌下，滴加到稀 NaOH 溶液或氨水中，中和后倒入落地通风柜内相应的废液桶
硫化氢、硫醇、硫酚、HCl、HBr、HCN、PH$_3$、硫化物或氰化物溶液	用 NaClO 氧化。1 mol 硫醇约需 2 L NaClO 溶液；1 mol 氰化物约需 0.4 L NaClO 溶液。用亚硝酸盐试纸试验，证实 NaClO 已过量（pH＞7）时，处理后倒入落地通风柜内相应的废液桶
重金属及其盐类	使其形成难溶的沉淀（如碳酸盐、氢氧化物、硫化物等），封装后深埋
氢化铝锂	使其悬浮在干燥的四氢呋喃中，小心滴加乙酸乙酯，如反应剧烈，应适当冷却，再加水至氢气不再释放为止，废液用稀 HCl 溶液中和后倒入落地通风柜内相应的废液桶
汞	尽量收集泼散的汞粒，并将废汞回收；对废汞盐溶液，可制成 HgS 沉淀，过滤后，集中深埋
有机锂化物（n-BuLi、s-BuLi、t-BuLi、MiLi）	溶于四氢呋喃中，慢慢加入乙醇至不再有氢气放出，然后加水稀释，最后加稀 HCl 溶液至溶液变清，倒入落地通风柜内相应的废液桶
过氧化物溶液和过氧酸溶液，光气（或在有机溶剂中的溶液，卤代烃溶剂除外）	在酸性水溶液中，用二价铁盐或二硫化物将其还原，中和后倒入落地通风柜内相应的废液桶

危险废弃物种类	处 置 方 法
钾	一小粒一小粒地加到干燥的叔丁醇中,再小心加入无甲醇的乙醇,搅拌,促使其全溶,用稀酸中和后倒入落地通风柜内相应的废液桶
钠	小块分次加入无水乙醇或异丙醇中,将其溶解至澄清,用稀 HCl 溶液中和后倒入落地通风柜内相应的废液桶
叠氮化钠	有剧毒,废液可用次氯酸盐溶液处理

7. 台账

实验室应建立健全日常台账制度,如实记录危险化学品的购买、领用、使用、处置情况,并建立管制类化学品和危险化学品废弃物的专用台账。剧毒化学品、易制毒(爆)化学品、医疗用毒性药品的专用台账的保存期限为两年;麻醉药品和精神药品专用台账的保存期限应当为自药品有效期期满之日起不少于五年;危险化学品废弃物的专用台账的保存期限为自废弃物处置日起不少于三年。每学期结束前两周,各实验室对本实验室的危险化学品进行核查,并将购买、使用、存储、处置等信息报送至院(系)安全管理员。院(系)安全管理员汇总后,于每学期结束前一周将统计数据报送至实设处。

2.3 常用化学类玻璃仪器的名称及使用

2.3.1 实验室常用玻璃仪器

实验室常用的玻璃仪器包括:玻璃管(毛细管、滴管、连接管)、容器类(烧杯、圆底烧瓶、锥形瓶)、玻璃瓶(试剂瓶、滴瓶)、量筒类(量杯、量筒)、容量器皿(容量瓶、移液管、滴定管)、其他(冷凝管、吸滤瓶)等,如图 2-4 所示。其主要用途、使用注意事项等如表 2-3 所示。

图 2-4 实验室常用玻璃仪器

表 2-3　常用玻璃仪器的主要用途、使用注意事项一览表

名　称	主 要 用 途	使 用 注 意 事 项
烧杯	配制溶液、溶解样品等	加热时应置于石棉网上,使其受热均匀,一般不可烧干
锥形瓶	加热处理试样和容量分析滴定	加热时应置于石棉网上,使其受热均匀,一般不可烧干;磨口锥形瓶加热时要打开塞,非标准磨口要保持原配塞
碘瓶	碘量法或其他生成挥发性物质的定量分析	加热时应置于石棉网上,使其受热均匀,一般不可烧干
圆(平)底烧瓶	加热及蒸馏液体	一般避免直火加热,隔石棉网或各种加热浴加热
圆底蒸馏烧瓶	蒸馏,也可作少量气体发生反应器	一般避免直火加热,隔石棉网或各种加热浴加热
量筒、量杯	粗略量取一定体积的液体	不能加热并在其中配制溶液,不能在烘箱中烘烤,操作时要沿壁加入或倒出溶液
滴定管	容量分析滴定操作;分酸式管、碱式管两种	活塞要原配的;漏水的不能使用;不能加热;不能长期存放碱液;碱式管不能放能与橡皮作用的滴定液
移液管	准确移取一定量的液体	不能加热;上端和尖端不可磕破
刻度吸管	准确移取各种不同量的液体	不能加热;上端和尖端不可磕破
称量瓶	矮形称量瓶用于测定干燥失重或在烘箱中烘干基准物;高形称量瓶用于称量基准物、样品	不可盖紧磨口塞烘烤,磨口塞要原配的
试剂瓶(细口瓶、广口瓶、棕色瓶)	细口瓶用于存放液体试剂;广口瓶用于装固体试剂;棕色瓶用于存放见光易分解的试剂	不能加热;不能在瓶内配制在操作过程中放出大量热量的溶液;磨口塞要保持原配的;放碱液的瓶子应使用橡皮塞,以免日久打不开
分液漏斗	分开两种互不相溶的液体;萃取分离和富集(多用梨形漏斗);在制备反应中加液体(多用球形及滴液漏斗)	磨口旋塞必须是原配的,漏水的漏斗不能使用
试管(普通试管、离心试管)	定性分析检验离子;离心试管可在离心机中借离心作用分离溶液和沉淀	硬质玻璃制的试管可直接在火焰上加热,但不能骤冷;离心管只能水浴加热
(纳氏)比色管	比色、比浊分析	不可直火加热;非标准磨口塞必须是原配的;注意保持管壁透明,不可用去污粉刷洗

名　称	主　要　用　途	使用注意事项
冷凝管(直形、球形、空气冷凝管)	用于冷却蒸馏出的液体。球形管适用于冷凝低沸点液体蒸气,空气冷凝管用于冷凝沸点在 150 ℃以上的液体蒸气	不可骤冷骤热;注意从下口进冷却水,上口出水
抽滤瓶	抽滤时接收滤液	属于厚壁容器,能耐负压;不可加热
表面皿	盖烧杯及漏斗等	不可直火加热,直径要略大于所盖容器
研钵	研磨固体试剂及试样等;不能研磨能与玻璃作用的物质	不能撞击,不能烘烤
干燥器	保持烘干或灼烧过的物质干燥;也可干燥少量制备的产品	底部放变色硅胶或其他干燥剂,盖磨口处涂适量凡士林;不可将红热的物体放入,放入热的物体后要时时开盖以免盖子跳起或冷却后打不开盖子
垂熔玻璃漏斗	过滤	必须抽滤;不能骤冷骤热;不能过滤氢氟酸、碱等;用毕立即洗净
垂熔玻璃坩埚	重量分析中烘干需要称量的沉淀	必须抽滤;不能骤冷骤热;不能过滤氢氟酸、碱等;用毕立即洗净

2.3.2　玻璃仪器的洗涤方法

1.洁净剂及其使用范围

最常用的洁净剂有肥皂、合成洗涤剂(如洗衣粉)、洗液(清洁液)、有机溶剂等。肥皂、合成洗涤剂等一般用于可以用毛刷直接刷洗的仪器,如烧瓶、烧杯、试剂瓶等非计量及非光学要求的玻璃仪器;也可用于滴定管、移液管、量瓶等计量玻璃仪器的洗涤,但不能用毛刷刷洗。

2.洗液的配制及说明

铬酸清洁液的配制:

	处方 1	处方 2
重铬酸钾(钠)	10 g	200 g
纯化水	10 mL	100 mL(或适量)
浓硫酸	100 mL	1500 mL

制法(以重铬酸钾为例):称取重铬酸钾,于干燥研钵中研细,将此细粉加入盛有适量

水的玻璃容器内,加热搅拌使其溶解,待冷却后,将此玻璃容器放在冷水浴中,缓慢将浓硫酸断续加入,不断搅拌,勿使温度过高,容器内物质的颜色逐渐变深,并注意冷却,直至加完混匀,即得。

说明:

(1)硫酸遇水能产生强烈放热反应,必须等重铬酸钾溶液冷却后,再将硫酸缓缓加入,边加边搅拌,不能反过来操作,以防发生爆炸。

(2)清洁液专供清洁玻璃器皿之用,它能去污的原因为具有强烈的氧化作用。重铬酸钾与浓硫酸相遇时产生具有强氧化作用的三氧化铬:

$$K_2Cr_2O_7 + H_2SO_4(浓) = H_2Cr_2O_7 + K_2SO_4$$
$$H_2Cr_2O_7 = 2CrO_3 + H_2O$$
$$2CrO_3 = Cr_2O_3 + 3[O]$$

浓硫酸是含氧酸,在高浓度时具有氧化作用,加热时氧化作用更为显著:

$$H_2SO_4(浓) \overset{\triangle}{=} H_2O + SO_2 + [O]$$
$$K_2Cr_2O_7 + 3SO_2 + H_2SO_4 = Cr_2(SO_4)_3 + K_2SO_4 + H_2O$$

(3)铬酸的清洁效力之大小,取决于反应中产生三氧化铬的多少及硫酸浓度。三氧化铬越多,酸越浓,清洁效力越强。

(4)用清洁液清洁玻璃仪器之前,须先用水冲洗仪器,洗去大部分有机物,尽可能使仪器自然干燥,这样可减少清洁液消耗和避免稀释而降效。

(5)本品可重复使用,但溶液呈绿色时已失去氧化效力,不可再用,但能更新再用。

更新方法:取废液滤出杂质,不断搅拌,缓慢加入高锰酸钾粉末,每升溶液中加入 6～8 g,至反应完毕,溶液呈棕色为止。静置使沉淀,倾取上清液,在 160 ℃ 以下加热,使水分蒸发,得浓稠状棕黑色溶液,放冷,再加入适量浓硫酸,混匀,使析出的重铬酸钾溶解,备用。

(6)浓硫酸具有腐蚀性,配制时宜小心。

(7)用铬酸清洁液洗涤仪器,是利用其与污物起化学反应的作用,将污物洗去,故要浸泡一定时间,一般放置过夜(根据情况);有时可加热一下,使其有充分作用的机会。

3. 玻璃仪器的干燥

不着急使用的仪器,可放在仪器架上自然干燥;急用的仪器可用玻璃仪器气流烘干器干燥(见图 2-5),温度在 60～70 ℃ 为宜。计量玻璃仪器应自然沥干,不能在烘箱中烘烤。

4. 玻璃仪器的保管

玻璃仪器要分门别类存放在实验柜中,放置稳妥,高的、大的仪器放在里面。须长期

图 2-5　玻璃仪器气流烘干器

保存的磨口仪器要在塞间垫一张纸片,以免日久粘住。

2.3.3　玻璃仪器使用注意事项

在使用玻璃仪器前要仔细检查,避免使用有裂痕的仪器。特别是在用于减压、加压或加热操作的场合,更要在使用前认真检查。不应在试剂瓶或量筒中溶解固体物质或稀释浓硫酸。吸滤瓶及试剂瓶之类的厚壁容器,不能加热干燥,因为该类器具受热极易破裂。分析实验用的容量器皿,如滴定管、容量瓶(见图 2-6)、移液管等不可加热干燥,以免影响精度。

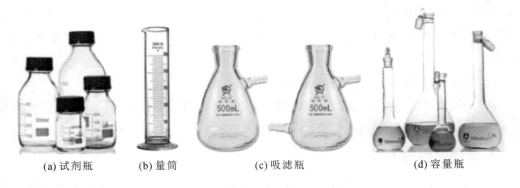

(a) 试剂瓶　　　　(b) 量筒　　　　(c) 吸滤瓶　　　　(d) 容量瓶

图 2-6　容量器皿

把玻璃管或温度计插入橡皮塞或软木塞时,为防止其折断而使人受伤,操作时应戴防护手套,先将玻璃管的两端用火烧光滑,也可在玻璃管上沾些水或涂上甘油等作润滑剂,然后左手拿着塞子,右手拿玻璃管,边旋转边慢慢地把玻璃管插入塞子中,握管的手要靠近橡胶塞,如图 2-7 所示。对粘在一起的玻璃仪器,不要试图用力拉,以免伤手。可以将磨口竖立,往缝隙间滴上几滴甘油,用热风吹后,使外部膨胀;或者放在水中煮。打开封闭管或紧密塞着的容器时,要缓慢操作,开口不要朝向他人及自身,以免发生喷液或爆炸事故。破碎玻璃应放入专门的垃圾桶,放入前应进行适当处理。

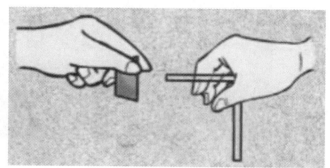

图 2-7　玻璃管插入塞子的操作手法

2.3.4　常用反应装置及使用注意事项

1. 加热回流装置(见图 2-8)

注意:冷却水未开或夏季冷却水温度较高,冷却效果不好,蒸气逸出,导致事故;未加沸石,发生爆沸,或容器装料过多,发生冲料事故;接口密封不严或温度突然失控,蒸气泄漏;加热方式不当,引发着火。

2. 蒸馏装置(见图 2-9)

蒸馏装置用于分离两种沸点相差较大的液体或除去有机溶剂。操作前必须了解其所蒸馏物质的潜在危害性,要制订预防意外的预案。蒸馏用的玻璃器皿的接口和磨口要涂润滑脂,整个反应装置要用夹子紧固,同时要避免应力的产生。整套装置安装完成后要做到横平竖直,位于一个平面内。常压蒸馏不允许在封闭系统中进行。减压蒸馏结束时,必须先降温然后解除真空,平衡系统压力后再关闭泵。薄壁、平底

图 2-8　实验室典型加热回流装置

的烧瓶不得用于减压蒸馏。在进行蒸馏时,应将防火毯放置在附近,便于突然着火时快速取用,防患于未然。加热升温时,应特别注意升温速率变化,防止飞温引起溶液喷出,导致人员烫伤及火灾。在进行蒸馏时,必须有人照看,操作者不得擅自离开实验操作台。

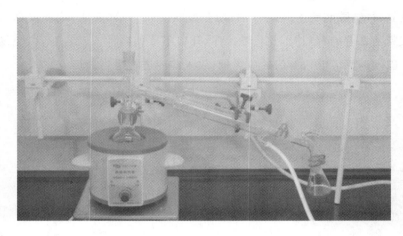

图 2-9　实验室典型蒸馏装置

3. 旋转蒸发仪(见图 2-10)

旋转蒸发仪用于溶剂的蒸发、浓缩。适用的压力一般为 1.333～3.999 kPa;各个连接部分都应用专用夹子固定;烧瓶中的溶剂不能超过其容量的 1/2;必须以适当的速度旋转,防止蒸馏瓶滑落在水浴锅中;使用时,应先减压,再开启电动机转动蒸馏烧瓶;关闭旋转蒸发仪时应先将旋速调至零,停机后再通大气。

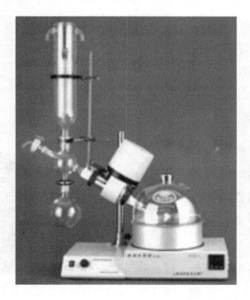

图 2-10　实验室旋转蒸发仪

4. 减压蒸馏实验的安全注意事项

被蒸馏液体中若含有低沸点物质,通常应先进行普通蒸馏,再进行水泵减压蒸馏,而油泵减压蒸馏应在水泵减压蒸馏后进行。在系统充分抽空后通冷凝水,再加热(一般用油浴)蒸馏,一旦减压蒸馏开始,就应密切注意蒸馏情况,调整体系内压,记录压力和相应的沸点值,并根据要求收集不同馏分。实验过程中,应确保冷凝液的使用安全。螺旋夹和安全瓶的打开速度均不能太快,否则会使水银柱快速上升,冲破测压计,使水银流出。实验结束后,必须等待系统内外压力平衡后,方可关闭油泵,以免抽气泵中的油倒吸入干燥塔。最后按照与安装步骤相反的程序拆除仪器。仪器拆除后进行清洗时,注意溶剂的处理方式,特别是易挥发、有毒有害有机物,严格按照操作流程处理。减压蒸馏实验装置如图 2-11 所示。

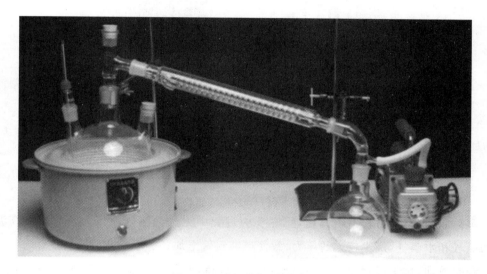

图 2-11   减压蒸馏实验装置

5. 液-固萃取的安全注意事项

以乙醚为例,具体的回流时间是不同的,有的是按文献要求提取一定时间,有的是至提取液无色。实验所用的索氏提取装置如图 2-12 所示。抽提剂若是易燃易爆物质,则应注意通风并且不能有火源。样品滤纸包的高度不能超过虹吸管,否则上部物质不能提尽,造成误差。乙醚若放置时间过长,会产生过氧化物,过氧化物不稳定,在蒸馏或干燥时会发生爆炸,故使用前应严格检查,并除去过氧化物。去除过氧化物的方法:将乙醚倒入蒸馏瓶中,加一段无锈铁丝或铝丝,收集重新蒸馏的乙醚。

6. 事故案例

在材料类实验室中,也时常有玻璃仪器破碎伤人的事故

封管事故(见图 2-13):玻璃封管内加入氨水 20 mL,硫酸亚铁 1 g,原料 4 g,加热温度设为 160 ℃。在当事人观察油浴温度时,封管突然发生爆炸,整个反应体系被完全炸碎。当事人额头受伤,幸亏当时戴了防护眼镜,才使双眼没有受到伤害。

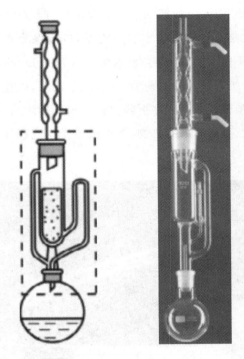

图 2-12　索氏提取装置

　　事故原因：玻璃封管不耐高压，且在反应过程中无法检测管内压力。氨水在高温下变为氨气和水蒸气，产生较大的压力，致使玻璃封管爆炸。

　　经验教训：化学实验必须在通风橱（柜）内进行，密闭系统实验和有压力的实验必须在特种实验室里进行。

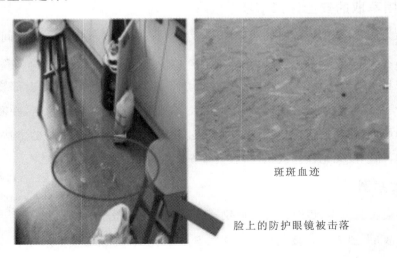

斑斑血迹

脸上的防护眼镜被击落

图 2-13　封管破裂事故现场

2.4　常见安全事故防护及应急处理

2.4.1　火灾性事故

火灾性事故的发生具有普遍性,在几乎所有类型的实验室中都可能发生。酿成这类事故的直接原因包括以下几方面:①忘记关电源,致使设备或用电器具通电时间过长,温度过高,引起着火(如 2005 年 8 月 8 日,某大学一实验室失火,火灾原因为该校研究生 A 上午在实验室做实验,中午出去吃饭未关电源,实验仪器"转子"还在运转,因电线短路引发火灾);②供电线路老化、超负荷运行,导致线路发热,引起着火;③对易燃易爆物品操作不慎或保管不当,使火源接触易燃物质,引起着火;④乱扔烟头,接触易燃物质,引起着火。

2.4.2　爆炸性事故

爆炸性事故多发生在有易燃易爆物品和压力容器的实验室,酿成这类事故的直接原因是:①违反操作规程使用设备、压力容器(如高压气瓶)而导致爆炸;②设备老化,存在故障或缺陷,造成易燃易爆物品泄漏,遇火花而引起爆炸;③对易燃易爆物品处理不当,导致燃烧爆炸;该类物品(如三硝基甲苯、苦味酸、硝酸铵、叠氮化物等)受到高热摩擦、撞击、震动等外来因素的作用或与其他性能相抵触的物质接触,就会发生剧烈的化学反应,产生大量的气体和热量,引起爆炸;④强氧化剂与性质有抵触的物质混存能发生分解,引起燃烧和爆炸;⑤火灾事故引起仪器设备、药品等的爆炸。

爆炸性事故案例经过:2021 年 2 月 8 日 10 时 50 分左右,辽宁某公司原料药车间中试过程中发生爆炸事故,如图 2-14 所示。截至 8 日 16 时,事故车间受伤人员 5 名,其中 2 名重伤人员经抢救无效死亡。

事故的直接原因:该车间采用过氧化钾与间氯苯甲酰氯发生过氧化反应生成间氯过氧苯甲酸钾,再酸化为间氯过氧苯甲酸。生产过程中,反应釜内先加入定量的 1,4-二氧六环与双氧水,开启搅拌;降温后,再滴加氢氧化钾溶液,双氧水与氢氧化钾反应生成过氧化钾。由于氢氧化钾溶液滴加速度过快,反应产生的气体从反应釜无盖的人孔冒出,反应失控后,含 1,4-二氧六环与双氧水混合物料从无盖人孔喷出,遇车间静电及车间高热蒸汽管路,引发爆炸。由于未针对反应失控事故设置体系紧急降温及紧急泄压、卸料的应急措施,现场采用敞口人工操作控制反应,滴加速度过快致反应失控。

图 2-14　过氧化物爆炸事故现场

2.4.3　毒害性事故

毒害性事故多发生在有化学药品和剧毒物质的实验室和有毒气排放的实验室。酿成这类事故的直接原因是：①将食物带进有毒物的实验室，造成误食中毒（例如南京某大学一工作人员盛夏时误将冰箱中含苯胺的中间产品当酸梅汤误食，引起中毒，因为该冰箱中曾存放过供工作人员饮用的酸梅汤）；②设备设施老化，存在故障或缺陷，造成有毒物质泄漏或有毒气体排放不畅，酿成中毒；③管理不善、操作不慎或违规操作，实验后有毒物质处理不当，造成有毒物品散落流失，引起人员中毒、环境污染；④废水排放管路受阻或失修改道，造成有毒废水未经处理而流出，引起环境污染。

2.4.4　常见事故的处理方法

1. 火灾事故的预防和处理

在使用苯、乙醇、乙醚、丙酮等易挥发、易燃烧的有机溶剂时如操作不慎，易引起火灾事故。为防止事故发生，必须随时注意以下几点：

（1）操作和处理易燃、易爆溶剂时，应远离火源；对易爆炸固体的残渣，必须小心销毁（如用盐酸或硝酸分解金属炔化物）；不要把未熄灭的火柴梗乱丢；对于易发生自燃的物质（如加氢反应用的催化剂雷尼镍）及沾有它们的滤纸，不能随意丢弃，以免形成新的火源，引起火灾。

（2）实验前应仔细检查仪器装置是否正确、稳妥与严密；操作要求正确、严格；常压操作时，切勿造成系统密闭，否则可能会发生爆炸事故；对沸点低于 80 ℃的液体，一般蒸馏时应采用水浴加热，不能直接用火加热；实验操作中，应防止有机物蒸气泄漏出来，更不要用敞口装置加热。若要进行除去溶剂的操作,则必须在通风橱里进行。

(3) 实验室里不允许存放大量易燃物。实验中一旦发生火灾切不可惊慌失措,应保持镇静。首先立即切断室内一切火源和电源。然后根据具体情况正确进行抢救和灭火。常用的方法有:

在可燃液体燃着时,应立即拿开着火区域内的一切可燃物质,关闭通风器,防止燃烧范围扩大。酒精及其他可溶于水的液体着火时,可用水灭火。汽油、乙醚、甲苯等有机溶剂着火时,应用石棉布或干沙扑灭,绝对不能用水,否则反而会扩大燃烧面积。金属钾、钠或锂着火时,绝对不能用水、泡沫灭火器、四氯化碳灭火器等灭火,可用干沙、石墨粉扑灭。注意电气设备导线等着火时,不能用水及二氧化碳灭火器(泡沫灭火器)灭火,以免触电,应先切断电源,再用二氧化碳或四氯化碳灭火器灭火。衣服着火时,千万不要奔跑,应立即用石棉布或厚外衣盖熄,或者迅速脱下衣服,火势较大时,应卧地打滚以扑灭火焰。发现烘箱有异味或冒烟时,应迅速切断电源,使其慢慢降温,并准备好灭火器备用;千万不要急于打开烘箱门,以免突然供入空气助燃(爆),引起火灾。如遇较大的着火事故,应立即报警。若有伤势较重者,应立即送医院。所有人员均应熟悉实验室内灭火器材的位置和灭火器的使用方法。

2. 爆炸事故的预防与处理

某些化合物容易爆炸。如有机化合物中的过氧化物、芳香族多硝基化合物和硝酸酯、干燥的重氮盐、叠氮化物、重金属的炔化物等,均是易爆物质,在使用和处理时应特别注意。含过氧化物的乙醚蒸馏时,有爆炸的危险,事先必须除去过氧化物。若有过氧化物,可加入硫酸亚铁的酸性溶液予以去除。芳香族多硝基化合物不宜在烘箱内干燥。乙醇和浓硝酸混合在一起,会引起极强烈的爆炸。

仪器装置不正确或操作错误,有时会引起爆炸。如果在常压下进行蒸馏或加热回流,仪器必须与大气相通。在蒸馏时要注意,不要将物料蒸干。在减压操作时,不能使用不耐外压的玻璃仪器(例如平底烧瓶和锥形烧瓶等)。

氢气、乙炔、环氧乙烷等气体与空气混合达到一定比例时,会生成爆炸性混合物,遇明火即会爆炸。因此,使用上述物质时必须严禁明火。对于放热量很大的合成反应,要缓慢滴加物料,并注意冷却,同时要防止因滴液漏斗的活塞漏液而造成事故。

3. 中毒事故的预防与处理

实验中的许多试剂都是有毒的。有毒物质往往通过呼吸吸入、皮肤渗入、误食等方式导致中毒。处理具有刺激性、恶臭和有毒的化学药品,如 H_2S、NO_2、Cl_2、Br_2、CO、SO_2、SO_3、HCl、HF、浓硝酸、发烟硫酸、浓盐酸、氯乙酰等,必须在通风橱中进行。通风橱开启后,不要把头伸入橱内,保持实验室通风良好。实验中应避免用手直接接触化学药品,尤其严禁用手直接接触剧毒品。沾在皮肤上的有机物应当立即用大量清水和肥皂洗去,切莫用有机溶剂洗,否则只会加快化学药品渗入皮肤的速度。溅落在桌面或地面的有机物应及时除去。如不慎损坏水银温度计,洒落在地上的水银应尽量收集起来,并用硫黄粉盖在洒落的地方。实验中所用剧毒物质由各课题组技术负责人负责保管,适量发给使用人员,并要回收剩余物质。装有毒物质的器皿要贴标签注明,用后及时清洗,经常进行有毒物质实验的操作台及水槽要注明,实验后的有毒残渣必须按照实验室规定进行处理,不准乱丢。有毒物质实验过程中若出现咽喉灼痛、嘴唇脱色或发绀,胃部痉挛或恶心呕吐,心悸头晕等症状,则可能系中毒所致。视中毒原因施以下述急救后,立即送医院治疗,不得延误。

固体或液体毒物中毒:有毒物质尚在嘴里的立即吐掉,用大量水漱口。误食碱者,先饮大量水再喝些牛奶。误食酸者,先喝水,再服 $Mg(OH)_2$ 乳剂,最后喝些牛奶。不要用催吐药,也不要服用碳酸盐或碳酸氢盐。重金属盐中毒者,喝一杯含有几克 $MgSO_4$ 的水溶液,立即就医。不要服催吐药,以免引起危险或使病情复杂化。砷和汞化物中毒者,必须紧急就医。吸入气体或蒸气中毒者应立即转移至室外,解开衣领和纽扣,呼吸新鲜空气。对休克者应施以人工呼吸,但不要用口对口法,立即送医院急救。

4. 实验室触电事故的预防与处理

实验中常使用电炉、电热套、电动搅拌机等,使用电器时应防止人体与电器导电部分直接接触及石棉网金属丝与电炉电阻丝接触;不能用湿的手或手握湿的物体接触电插头;电热套内严禁滴入水等溶剂,以防止电器短路。为防止触电,装置和设备的金属外壳等应连接地线。实验后应先关仪器开关,再将连接电源的插头拔下。检查电气设备是否漏电应该用试电笔,凡是漏电的仪器,一律不能使用。发生触电时急救方法如下:①关闭电源;②用干木棍使导线与被害者分开;③使被害者和土地分离,急救时急救者必须做好防止触电的安全措施,手或脚必须绝缘,必要时进行人工呼吸并送医院救治。

5. 实验室其他事故的急救知识

(1)玻璃割伤。

一般轻伤应及时挤出污血,并用消过毒的镊子取出玻璃碎片,用蒸馏水洗净伤口,涂上碘酒,再用创可贴或绷带包扎;大伤口应立即用绷带扎紧伤口上部,使伤口停止流血,急送医院就诊。

(2)烫伤。

被火焰、蒸气、红热的玻璃、铁器等烫伤时,应立即将伤口处用大量水冲洗或浸泡,从而迅速降温,避免高温烧伤。若起了水泡则不宜挑破,应用纱布包扎后送医院治疗。对轻微烫伤,可在伤处涂些鱼肝油、烫伤油膏或万花油后包扎。若皮肤起泡(二级灼伤),不要弄破水泡,防止感染;若伤处皮肤呈棕色或黑色(三级灼伤),应用干燥而无菌的消毒纱布轻轻包扎好,急送医院治疗。

（3）被酸、碱或溴液灼伤。

皮肤被酸灼伤,要立即用大量流动清水冲洗。其中,皮肤被浓硫酸沾污时切忌先用水冲洗,以免硫酸水合时强烈放热而加重伤势,应先用干抹布吸去浓硫酸,然后再用清水冲洗。彻底冲洗后可用 2%～5% 的碳酸氢钠溶液或肥皂水进行中和,最后用水冲洗,涂上药品凡士林。

皮肤被碱液灼伤,要立即用大量流动清水冲洗,再用 2% 醋酸或 3% 硼酸溶液进一步冲洗,最后用水冲洗,再涂上药品凡士林。皮肤被酚灼伤时,立即用 30% 酒精揩洗数遍,再用大量清水冲洗,冲洗干净后用硫酸钠饱和溶液湿敷 4～6 h。由于酚用水冲淡至 1：1 或 2：1 浓度时,瞬间可使皮肤损伤加重而增加酚吸收,故不可先用水冲洗污染面。受上述灼伤后,若创面起水泡,均不宜把水泡挑破。重伤者经初步处理后,急送医务室。

（4）酸液、碱液或其他异物溅入眼中。

酸液溅入眼中,立即用大量水冲洗,再用 1% 碳酸氢钠溶液冲洗。若为碱液,立即用大量水冲洗,再用 1% 硼酸溶液冲洗。洗眼时要保持眼皮张开,可由他人帮助翻开眼睑,持续冲洗 15 min。重伤者经初步处理后立即送医院治疗。若木屑、尘粒等异物溅入眼中,可由他人翻开眼睑,用消毒棉签轻轻取出异物,或任其流泪,待异物排出后,再滴入几滴鱼肝油。玻璃屑进入眼睛内是比较危险的,这时要尽量保持平静,绝不可用手揉擦,也不要让别人翻眼睑,尽量不要转动眼球,可任其流泪,有时碎屑会随泪水流出。用纱布轻轻包住眼睛后,立即将伤者急送医院处理。

（5）误食有毒物质。

对于强酸性腐蚀毒物,先饮大量的水,再服氢氧化铝膏、鸡蛋白;对于强碱性毒物,最好先饮大量的水,然后服用醋、酸果汁、鸡蛋白。不论酸或碱中毒都需要喝牛奶,不要吃呕吐剂。水银容易由呼吸道进入人体,也可以经皮肤直接吸收而引起积累性中毒。严重中毒的征象是口中有金属气味,呼出的气体也有气味;流唾液,牙床及嘴唇上呈硫化汞的黑色;淋巴腺及唾液腺肿大。若不慎中毒,应送医院急救。急性中毒时,通常用碳粉或呕吐剂彻底洗胃,或者食入蛋白质(如 1 L 牛奶加 3 个鸡蛋清)或蓖麻油解毒并使之呕吐。

（6）实验室医药箱。

医药箱内一般有下列急救药品和器具:医用酒精、碘酒、红药水、紫药水、止血粉、凡士林、烫伤油膏(或万花油)、1% 硼酸溶液或 2% 醋酸溶液、1% 碳酸氢钠溶液等;医用镊子、剪刀、纱布、药棉、棉签、创可贴、绷带等。医药箱专供急救用，不允许随便挪动，平时不得动用其中器具。

习　题

1.把玻璃管或温度计插入橡皮塞或软木塞时，常常会因其折断而使人受伤。下列不正确的操作方法是(　　)。

A.可在玻璃管上沾些水或涂上甘油等作润滑剂，一手拿着塞子，一手拿着玻璃管一端(两只手尽量靠近)，边旋转边慢慢地把玻璃管插入塞子中

B.橡皮塞等钻孔时，打出的孔比管径略小，可用圆锉把孔锉一下，适当扩大孔径

C.无须润滑，且操作时与双手距离无关

2.化学危险药品对人会有刺激眼睛、灼伤皮肤、损伤呼吸道、麻痹神经、燃烧爆炸等危险，一定要注意化学药品的使用安全，以下不正确的做法是(　　)。

A.了解所使用的危险化学药品的特性，不盲目操作，不违章使用

B.妥善保管身边的危险化学药品，做到标签完整，密封保存，避热、避光、远离火种

C.室内可存放大量危险化学药品

D.严防室内积聚高浓度易燃易爆气体

3.回流和加热时，液体量不能超过烧瓶容量的(　　)。

A.1/2　　　　　　B.2/3　　　　　　C.3/4　　　　　　D.4/5

4.取用化学药品时，以下哪些事项操作是正确的？(　　)

A.取用具有腐蚀性和刺激性的药品时，尽可能戴上橡皮手套和防护眼镜

B.倾倒时，切勿直对容器口俯视；吸取时，应该使用橡皮球

C.开启有毒气体容器时应戴防毒用具

D.以上都是

5.涉及有毒试剂的操作时，应采取的保护措施包括(　　)。

A.佩戴适当的个人防护器具

B.了解试剂毒性，在通风橱中操作

C.做好应急救援预案

D.以上都是

6.实验中用到很多玻璃器皿，容易破碎，为避免造成割伤应该注意什么？(　　)

A.装配时不可用力过猛，用力处不可远离连接部位

B.不能口径不合而勉强连接

C. 玻璃折断面须烧圆滑,不能有棱角

D. 以上都是

7.使用易燃易爆的化学药品时,不正确的操作是(　　)。

A. 用明火加热

B. 在通风橱中操作

C. 不可猛烈撞击

D. 加热时使用水浴或油浴

8.天气较热时,打开腐蚀性液体,应该(　　)。

A. 直接用手

B.用毛巾先包住塞子

C. 戴橡胶手套

D. 用纸包住塞子

9.往玻璃管上套橡皮管(塞)时,不正确的做法是(　　)。

A. 管端应烧圆滑

B.用布裹手或戴厚手套,以防割伤手;

C. 可以使用薄壁玻璃管

D. 加点水或润滑剂

10.应如何简单辨认有气味的化学药品?(　　)

A. 用鼻子对着瓶口去辨认气味

B.用舌头品尝试剂

C. 将瓶口远离鼻子,用手在瓶口上方扇动,稍闻其味即可

D. 取出一点,用鼻子对着闻

第3章　材料学科实验室常用仪器安全操作规范

材料决定科技发展的上限,而国家重点实验室作为我国的科创"国家队",无疑要承担起原始创新和关键核心技术突破的重任。现今,我国材料科学领域的国家重点实验室一共有21个,分属于20个高校及科研院所。这些材料类的国家重点实验室涉及的研究领域有复合材料、高分子材料、超硬材料、粉末冶金材料、发光材料、光电材料、固体润滑材料、硅材料、金属材料、晶体材料、硅酸盐建筑材料、陶瓷材料、信息功能材料、亚稳材料等。

做材料研究,不仅仪器不可或缺,对仪器的质量和创新的要求也更高。华中科技大学材料成形与模具技术国家重点实验室是国家在材料成形、新材料和模具技术领域建设的国家重点实验室,面向国民经济和国防建设中的重大需求,围绕材料制备与成形领域的基本科学问题和学科前沿,开展应用基础研究和技术创新,突破关键科学技术问题,促进成果应用,在引领行业发展以及国民经济和国防建设中发挥不可替代的作用。经过多年的不懈努力,该实验室已在材料成形过程模拟理论与方法、数字化模具设计制造技术、快速成形与快速制模技术、精密成形工艺与装备、先进材料制备与应用等主要研究方向形成了鲜明的特色和优势,取得了一系列突出成果。

该实验室围绕各研究方向的任务要求,以实验室发展目标为导向,结合现有科研仪器设备现状,构建了技术先进、体系完整、特色鲜明的系列实验研究公共平台,为开展高水平科学研究和高层次人才培养提供了各种先进的科研仪器设备支撑,并提供对外服务。

目前,该实验室已建设了四个实验研究平台。

(1) **材料结构表征实验研究平台。**该平台支持材料成形和制备过程中材料结构演变规律等基本科学问题的研究,能够原位表征力、温度、形变等对材料结构演变的影响。

(2) **材料性能测试实验研究平台。**该平台支持材料成形与制备技术研究过程中所成形零件和制备材料的性能测试分析,为研究高性能成形制造技术和材料制备提供支撑。

(3) **材料成形技术实验研究平台。**该平台支持塑性成形、铸造成形、注塑成形过程的工艺研究,以及先进模具加工技术的创新研究,并通过与其他相关平台设备的联用,开展成形过程中材料科学问题的研究。

（4）材料设计与制备实验研究平台。新材料的设计与制备是材料科学与成形加工研究的基础,该平台支持先进材料设计与制备的创新研究。

本章将基于材料学科的特色,针对性介绍材料研究中所使用的仪器装备。

3.1　3D 打印设备的操作流程及规范

在科技日新月异的今天,3D 打印技术已经不再是一个陌生的概念。它以其独特的方式改变着我们的生活和工作方式。无论是工业设计、医疗、教育,还是艺术创作,都离不开这项前沿技术。3D 打印设备是 3D 打印技术设备中最为常见且应用广泛的一类。

3.1.1　选区激光熔化 3D 打印设备

1. 设备介绍

选区激光熔化(selective laser melting,SLM)3D 打印设备的工作原理是使用激光熔化金属粉末,逐层构建物体。这种类型的打印设备(见图 3-1)能够制造出非常复杂和精细的金属零件,但是由于其使用的材料成本较高,所以一般用于制造航空、汽车等行业的特殊零部件。

图 3-1　SLM 设备

    SLM 设备一般由光路单元、机械单元、控制单元、工艺软件和保护气密封单元几个部分组成。

    （1）光路单元主要包括光纤激光器、扩束镜、反射镜、扫描振镜和 $F\text{-}\theta$ 聚焦透镜等。激光器是 SLM 设备中最核心的组成部分，直接决定了整个设备的成形质量。近年来几乎所有的 SLM 设备都采用光纤激光器，因为光纤激光器具有转换效率高、性能可靠、寿命长、光束模式接近基模等优点。由于激光光束质量很好，激光光束能被聚集成极细微的光束，并且其输出波长短，因而光纤激光器在精密金属零件的选区激光熔化快速成形中有极为明显的优势。扩束镜是对光束质量进行调整必不可少的光学部件，光路中采用扩束镜是为了扩大光束直径，减小光束发散角，减少能量损耗。扫描振镜由电动机驱动，通过计算机进行控制，可以使激光光斑精确定位在加工面的任一位置。为了克服扫描振镜单元的畸变，须用专用平场 $F\text{-}\theta$ 扫描透镜，使得聚焦光斑在扫描范围内得到一致的聚焦特性。

    （2）机械单元主要包括铺粉装置、成形缸、粉料缸、成形室密封设备等。铺粉状况是影响 SLM 成形质量的关键，目前 SLM 设备中主要有铺粉刷和铺粉滚筒两大类铺粉装置。成形缸与粉料缸由电动机控制，电动机控制的精度也决定了 SLM 的成形精度。

    （3）控制单元由计算机和多块控制卡组成。激光束扫描控制过程是由计算机通过控制卡向扫描振镜发出控制信号，控制 X/Y 扫描振镜运动以实现激光扫描，完成对零件的加工操作的过程。

2. 工作原理

    SLM 设备主要选用光束模式优良的光纤激光器，其激光功率密度极高，可以将金属粉末完全熔化。在日常打印时只需利用专业软件将 CAD 三维模型切片分层为二维截面图，并进行扫描路径规划；接着利用刮板将粉末均匀铺至激光加工区，计算机会通过扫描振镜控制激光束来选择性地熔化金属粉末，得到对应截面的实体后，升降机下降一个厚度距离，重复上述操作，最终逐层堆积成与模型相同的三维实体。SLM 设备原理如图 3-2 所示。

3. 操作步骤

1）开机前准备工作

    进入设备车间前必须做好个人防护措施（口罩、护目镜、手套、防护服、防护鞋）。加工的材料为钛合金等活泼金属时，确认氩气处于开启状态，氮气处于关闭状态。设备推荐工作温度为 $20\sim25$ ℃，环境湿度在 40% 以下。检查各仪器（激光器、水冷机、工控机及外设等）线路是否正常连接，检查氩气罐、空气过滤设备是否漏气。

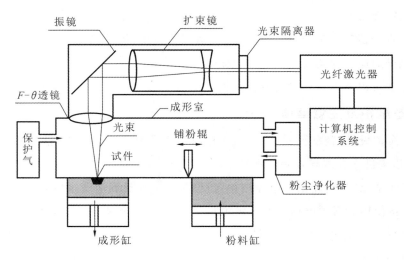

图 3-2　SLM 设备原理

2）开机

打开设备总开关,待设备进入操作界面后,打开金属 3D 打印机控制软件。使成形平台下降至刮刀以下约 30 mm 位置,点击刮刀归零按钮。依次点击成形平台归零按钮、回收缸归零按钮、供粉缸归零按钮。打开成形舱门,用防爆吸尘器清洁舱门上的金属粉尘,拆下进风口并清洁出风口、平台和刮刀上的金属粉尘。点击下降全部缸体到底按钮,清洁三个缸体的内部。检查激光透镜是否有粉尘,如有残留,及时清理,如无残留,每周清洁一次。将成形平台上升至最高,将与粉末成分相同或相近的工作基板用酒精清洁后装入平台。校正基板的 X、Y 平面度,高低差要求小于 0.01 mm。调整工作台高度,校正 Z 轴高度,要求刮刀与成形基板的间隙小于 0.05 mm。将需要加工的粉末提前过筛并在烘箱中烘干 6～12 h,把已烘干的粉末倒入干净的供粉缸中,每倒入 10 kg 粉末需要将粉末夯实,铺平供粉槽内的粉末,保证粉末能够铺至成形平台上。

3）充保护气体

调整工作缸和供粉缸高度后,用无尘布蘸酒精擦拭场镜及护目镜,关闭安全门并锁死;先在软件中打开氩气和空气过滤器的电磁阀,然后打开氩气罐、调节限压阀至刻度线中部位置,打开空气过滤器将旋钮旋至最大位置。

4）加工过程

在软件中选取加工零件对应的 STL 文件,调出模型,设置加工参数;待腔体氧浓度达到加工要求,以及基板预热温度达到设定值时,便可开始自动加工。

5）后处理

零件加工完毕后,点击按钮关闭激光器、氩气罐、空气过滤器、加热器等,等待腔体温度降至室温后方可开启设备安全门,手动上升供粉缸、工作台,取出基板,回收剩余粉末,用吸尘器清理残留粉末杂质,用无尘布蘸酒精擦拭腔体,最后关闭安全门,设备断电。注意任何时刻开启舱门前均要把激光器关闭。

具体方法可以参考每台设备的使用说明书。

4. 设备维护及注意事项

(1) 更换基板时,轻拿轻放,事先用洗耳球吹净螺钉孔中的粉末,然后再取出螺钉或固定,以免粉末进入孔内导致基板不平或固定不牢等。

(2) 如遇紧急情况,先按下急停按钮,待设备相关人员确定安全后方可继续使用。

(3) 设备使用者必须严格按照规定填写使用登记表,务必保持设备周围环境整洁,操作设备前做好防护措施,穿戴好口罩、手套、工作服等,设备运行过程中不得随意离开,严禁无人看管设备。

5. 该型设备在材料成形中的应用

激光束快速熔化金属粉末并获得连续的熔道,可以直接获得几乎任意形状、具有完全冶金结合、高精度的近乎致密的金属零件,因此,选区激光熔化成形是极具发展前景的金属零件3D打印技术。该型设备应用范围已经扩展到航空航天、微电子、医疗、珠宝首饰等行业。

3.1.2 电子束选区熔化设备

1. 设备介绍

电子束选区熔化(electron beam selective melting,EBSM)是一种增材制造工艺,通过电子束扫描、熔化粉末材料,逐层沉积制造3D金属零件。由于电子束功率大、材料对电子束能量吸收率高,因此EBSM技术具有效率高、热应力小等特点,适用于钛合金、钛铝基合金等高性能金属材料的成形制造。EBSM技术在航空航天高性能复杂零部件的制造、个性化多孔结构医疗植入体制造方面具有广阔的应用前景。EBSM设备如图3-3所示。

由于EBSM设备和SLM设备热源不同,因此两种技术具有显著的技术差异,其中EBSM技术的优势具体表现在:电子束的功率高,最高可达6 kW,并且金属材料对电子束基本无反射,能量利用率高,可加工的材料范围广;电子束穿透能力强,扫描速度最快可到8000 m/s;电子束成形在高真空下进行,最大限度地减少了间隙元素和水蒸气等杂质元素的污染,尤其适用于钛合金等高活性的稀有、难熔金属材料成形;电子束可以利用其移动速度快的特点,实现对粉末床的快速加热,现有EBSM设备最高可以将粉末床预

图 3-3　EBSM 设备

热至 1200 ℃,最大限度减少成形零件因应力累积而变形开裂,尤其是钛铝基金属化合物、难熔金属等材料。

2. 工作原理

EBSM 设备以电子束为热源,作用于预置粉末层使材料熔化或烧结,逐层制造 3D 金属零件。其工艺原理为预先在成形平台上铺展一层金属粉末,电子束在粉末层上进行扫描,选择性熔化粉末材料;上一层成形完成后,成形平台下降一个粉末层厚度的高度,然后铺粉、扫描、选择性熔化;如此反复,逐层沉积实现 3D 实体零件的成形。EBSM 原理如图 3-4 所示。

3. 操作步骤

1) 开机前准备工作

进入设备车间前必须做好个人防护措施(口罩、护目镜、手套、防护服、防护鞋)。设备推荐工作温度为 20～25 ℃,环境湿度在 40% 以下。检查各仪器(水冷机、空压机及稳压电源等)线路是否正常连接,检查氩气瓶等是否漏气。

2) 开机

粉缸寻零,刮刀寻零(确认刮刀是否完好,粉缸是否填满);放入画好交叉线的底板并用尺子进行粗调平;调节刮刀不断靠近底板,逐步调节底板各位置与刮刀平行;拿起底

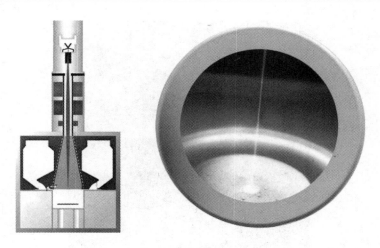

图 3-4　EBSM 原理

板,在热电偶下部倒满粉末,保证热电偶裸露的部分与底板充分接触。用酒精擦拭舱门密封圈,关闭舱门,抽真空,加高压电并进行电子束对中。

3）加工过程

将 STL 文件复制到 ComProject 文件中,在 EBSM-Control 中选择导入文件,并根据零件类型选择对应成形工艺包(实体、多孔、支撑)。手动预热底板后运行程序。

4）后处理

待温度降到室温之后,打开放气阀、舱门。取出零件并将结块粉末一起放入粉末回收系统。扫除氧化粉末后,防爆吸尘器接地,连通空压机后清理舱内可重复利用粉末。将粉末回收系统和吸尘器中的粉末放入振动筛中,收集回收粉末并清理隔热屏内壁易脱落的烧结物,用砂纸打磨方玻璃内壁的金属镀层,并放回舱内,擦拭并关闭舱门,抽真空保护。关机,断掉总电源,完成打印。

4. 设备维护及注意事项

无论是成形后开舱门还是粉缸装粉、成形缸调平铺粉,都应先将室内湿度降低至40%以下;使用放气阀开舱门后,切记要关闭放气阀,长时间开启放气阀会烧断灯丝;当成形面实体零件较少时,可通过增大粉末预热过程中的功率,来弥补成形过程中的热量损失,使粉末可以继续达到预烧结,进而抑制吹粉现象。

3.1.3　三维打印成形(3DP)技术设备

1. 设备介绍

3D 打印机又称三维打印机(3DP)。三维打印成形技术是一种累积制造技术,即快速成形技术的一种,它以数字模型文件为基础,运用特殊蜡材、粉末状金属或塑料等可黏合材料,通过打印一层层的黏合材料来制造三维物体。3DP 工艺与 SLS 工艺类似,采用粉末材料(如陶瓷粉末、金属粉末)成形。所不同的是材料粉末不是通过烧结连接起来的,而是通过喷头用黏结剂(如硅胶)将零件的截面"印刷"在材料粉末上面。用黏结剂黏结的零件强度较低,还需要进行后处理。具体工艺过程如下:上一层黏结完毕后,成形缸下降一个距离(等于层厚,0.013~0.1 mm),供粉缸上升一高度,推出若干粉末,并被铺粉辊推到成形缸,铺平并被压实。喷头在计算机控制下,依据下一组建造截面的成形数据有选择地喷射黏结剂建造层面。铺粉辊铺粉时多余的粉末被集粉装置收集。如此周而复始地送粉、铺粉和喷射黏结剂,最终完成一个三维粉体的黏结。未被喷射黏结剂的地方粉末为干粉,在成形过程中起支撑作用,且成形结束后比较容易去除。

2. 工作原理

3DP 技术的原理:3DP 的供料方式与 SLS 一样,供料时将粉末通过水平压辊平铺于打印平台之上。将带有颜色的胶水通过加压的方式输送到打印头中存储。接下来打印的过程就很像 2D 的喷墨打印机,首先系统会根据三维模型的颜色将彩色的胶水进行混合并选择性地喷在粉末平面上,粉末遇胶水后会黏结为实体。一层黏结完成后,打印平台下降,水平压辊再次将粉末铺平,然后再开始新一层的黏结,如此反复层层打印,直至整个模型黏结完毕。打印完成后,回收未黏结的粉末,吹净模型表面的粉末,再次将模型用透明胶水浸泡,此时模型就具有了一定的强度。

3. 操作步骤

1)准备工作

用吸尘器清除工作台面及铺粉辊上的粉尘;仔细检查工作腔内、工作台面上有无杂物,以免损伤铺粉辊及其他元器件;将须加工的粉末材料慢慢倒入供粉缸内;配置液体黏结剂并装入墨盒中;检查喷头是否堵塞,用酒精进行冲洗后,再用尼龙布轻轻擦拭;安装喷头,连接喷头排线。

2)开机操作

启动设备电源,指示灯点亮;运行 Easy3DP V1.0 软件系统,连接设备,喷印喷头自动回原点;在调试面板中,利用工作缸、供粉缸的上升下降和铺粉辊的来回移动,使粉末材料平铺均匀;通过 U 盘或网络将准备加工的 STL 文件载入打印软件;设置相关打印参数(分层厚度、白墨浓度、PASS 数、分辨率等),开始打印。

3)关机操作

零件打印完毕后,清洗墨路系统、喷头,退出软件回到 Windows 界面,关闭计算机,最后关闭总电源。

4. 设备维护及注意事项

黏结剂及打印粉末对呼吸系统有刺激作用,操作时应穿防护服,戴口罩;操作人员在操作过程中不得将头、手等部位靠近铺粉辊,以免被卷入铺粉辊;操作人员在操作过程中严禁打开设备后配电箱,以免触电;调试准备工作完毕后,进入正常工作状态,须关闭设备门窗(盖),且在成形过程中不得随意开启;停机按钮按下之后,配电柜中仍然带电,关机后必须断开外部总电源;工作结束之后,须及时用保护罩将喷头罩起来,防止灰尘污染喷头;设备运行异常时应及时断电,避免发生事故。

3.1.4 SLS 类打印设备

1. 设备介绍

选择性激光烧结(selective laser sintering,SLS)工艺最早由美国德克萨斯大学 C. R. Dechard 于 1989 年提出,随后 C. R. Dechard 创立了 DTM 公司并于 1992 年发布了基于 SLS 技术的工业级商用 3D 打印机 Sinterstation。目前,国内外开展 SLS 技术研究的机构主要有:美国 DTM 公司、3D Systems 公司,德国 EOS 公司,北京隆源自动成型系统有限公司和华中科技大学等。我国在 SLS 成形机、金属粉末研究以及烧结理论、扫描路径等方面取得了许多重大成果。SLS 工艺因其简单、材料选择广泛、利用率高、成形速度快、制造成本低等优点而被广泛应用于航空航天、汽车制造、泵阀、医疗、文化等领域,是功能测试、快速原形制造、耐高温和化学腐蚀等应用领域的绝佳选择。

2. 工作原理

SLS 设备能实现粉末材料(尼龙粉、蜡粉、塑料粉、陶瓷粉、金属粉等)在激光照射下烧结,在计算机控制下按照该层的截面轮廓在粉层上扫描烧结,层层堆积成形。首先铺一层粉末材料,将材料预热到接近熔点,再用激光在该层截面上扫描,使粉末温度升至熔点,然后烧结成形,接着不断重复铺粉、烧结的过程,直至完成整个模型成形。SLS 设备原理如图 3-5 所示。

3. 操作步骤

1)开启设备并检查

按下电脑屏幕下方的设备开机按钮,将 USB 灯置于成形腔内合适位置并打开 USB 灯开关。之后对成形腔内粉缸、导轨等部分进行检查,核实是否存在有异物、损坏等情况。

2)打开软件并装粉

确认成形腔内正常后,打开电脑桌面上的"HUST-3DP"软件,降下粉缸,装粉,并调

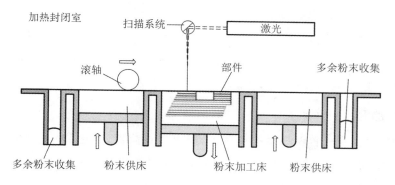

图 3-5　SLS 设备原理

节粉缸使其高度合适。

3）设置参数并进行实验

装粉及调试完毕后,打开软件的"激光""振镜""风扇"三个开关,在右下角进行实验参数设置,确认参数无误后点击更新参数,再根据自己的实验需求点击"2D"或"3D"实验开关,开始实验。

4）实验后清理

在实验结束后,关闭软件的"激光""振镜""风扇"三个开关,回收未加工粉末(如有需要),使用吸尘器洗净成形腔内的残余粉末,再使用酒精进行腔内清洁(尤其注意铺粉辊和导轨的清洁)。清洁完毕后,拿出并关闭 USB 灯,关闭软件,待电脑关机完成后,关闭设备,盖上设备盖子,填写实验记录本。

4. 设备维护及注意事项

（1）实验过程中注意导轨及铺粉辊的运动路径上不能存在障碍,否则易导致设备损坏或发生危险。

（2）发生紧急情况时立即按下屏幕上方的紧急停止按钮。

（3）实验结束后待电脑完全关机后再断电,否则可能损坏电脑。

3.2　真空手套箱操作规范

1. 仪器介绍

真空手套箱是将高纯惰性气体充入箱体内,并循环过滤掉其中活性物质的实验室设备,也称手套箱、惰性气体保护箱、干箱等,主要用于对 O_2、H_2O、有机气体的清除,被广泛应用于提供无水、无氧、无尘的超纯环境,如锂离子电池及材料、半导体、超级电容、特种灯的制备,激光焊接、钎焊等场合。手套箱在电池领域的应用包含提供一体化锂电、钠电、锂空电池、固态电池、超级电容器等所需的惰性气氛环境。电池在实验和制造过程中对氧气和水汽敏感,电池寿命充放电、安全会受到影响,使用可靠稳定的惰性气氛设备生产和研发锂电池,可有效保证产品质量。

2. 工作原理

箱体内的气氛在外置循环泵的作用下,经出口过滤器、净化单元、冷却器、入口过滤器再进入箱体,进行不断的循环净化,使得箱体内水氧指标保持在 1 ppm 以下,无须置换,方便且节省气源;净化材料可再生,寿命长。

3. 操作步骤

1) 从箱外将物品移入箱内(进舱)

打开外舱门;将物品放入前舱内(确认物品能够承受抽真空,注意:天平不行);关闭外舱门;连续三次"抽真空—充气"(注意:一定要将真空抽到"-1"刻度以下)。

打开内舱门,将物品移入箱内。注意:放样品进舱时,只要开了外舱门,就一定要对其抽充三次。

2) 从箱内将物品移至箱外(出舱)

确认过渡舱内气体气氛为 Ar 纯净工作气体或真空状态(要求上一个使用者结束后必须抽到真空状态,否则必须重新抽充三次);对过渡仓进行充气,确认过渡舱内气体气氛为 Ar 纯净工作气体;打开内舱门,将物品放入舱内;关闭内舱门;打开外舱门,将物品移出过渡舱;关闭外舱门并对其抽充三次。注意:过渡舱内外舱门不可同时打开,否则将会破坏之前建立起来的惰性环境。

4. 仪器维护及注意事项

1) 日常维护

工作压力范围一般设为 -4~4 mbar(1 mbar=100 Pa),水和氧含量上限为 1 ppm,超限即报警;再生时工作压力设定为 1~5 mbar,不允许私自设置参数和进行清洗、再生等特殊操作;经常检查手套是否有破损;每天检查工作气体的供气压力,以保证工作气体压力充足;经常检查真空泵油的油位(应在上下油标线之间);若油已经变浑浊,则须更换新油;最长不超过半年换一次油;放入装有样品的试剂瓶,一定要打开盖子才能放入抽真空;如有水氧超限报警问题而无法解决时,请及时与设备负责人联系。

2) 注意事项

在进行操作前,务必将手表、戒指等锋利物品摘下,以防划破橡胶手套;检查手套箱循环是否打开;保证过渡舱处于负压时,不要强行打开舱门;操作手套箱时动作幅度不能太大,避免箱内压力过大,导致循环关闭;往手套箱内运送物品(如滤纸、卫生纸等)前请先烘干;送入样品不能盖上盖子,防止器皿中空气带入;在使用小过渡舱时,手动充放气的方法是将短箭头指向充放气的方位;使用后请将仪器清理干净,防止有颗粒散落,进入循环系统,并将产生的垃圾带出;每次使用请登记,做好实验记录;手套箱使用完后整理台面,保证舱内整洁。

3.3　QM-3SP4 行星式球磨机操作规范

1. 仪器介绍

型号:QM-3SP4。可配球磨罐容积(mL):50、100、250、400、500、1000。材质:不锈钢、玛瑙、尼龙、聚氨酯、聚四氟乙烯、硬质合金(YG8)、陶瓷等(玛瑙罐最大可配400 mL)。类型:普通罐、不锈钢真空罐、不锈钢真空套(配合玛瑙、尼龙、陶瓷等球磨罐抽真空用)。真空球磨罐容积均不超过 500 mL。球磨罐最大装料量为罐容积的 3/4(包括磨球)。进料粒度:松脆材料粒径≤10 mm,其他材料粒径≤3 mm。出料粒度:最小粒径可达 0.1 μm。额定转速:公转(大盘)(265±10%)r/min,自转(球磨罐)(530±10%)r/min。运行模式:球磨机由变频器控制,共有五种运行模式,分别为单向运行,不定时停机;单向运行,定时停机;正、反向交替运行,定时停机;单向间隔运行,定时停机;正、反向交替间隔运行,定时停机。调速方式:变频调速 0～50 Hz,分辨率 1 Hz,本机限速 0～42 Hz。控制方式:0～42 Hz(0～530 r/min)随时手动调节,0～3000 min 定时运行,0～3000 min 定时正反转,0～3000 min 定时间隔运行。

行星式球磨机是混合、细磨、小样制备、新产品研制和小批量生产高新技术材料的必备装置,如图 3-6 所示,该产品体积小、功能全、效率高、噪声低,是科研单位、高等院校、企业实验室获取研究试样(每次实验可同时获得 4 个样品)的理想设备,配用真空球磨罐,可在真空状态或惰性气体保护状态下磨制试样。行星式球磨机广泛应用于地质、矿产、冶金、电子、建材、陶瓷、化工、轻工、医药、环保等行业。

2. 工作原理

QM 系列行星式球磨机的一大盘上装有 4 只球磨罐,当大盘旋转(公转)时带动球磨罐绕自己的转轴旋转(自转),从而形成行星运动。公转与自转的传动比为 1∶2(公转 1周,自转 2周)。罐内磨球和磨料在公转与自转 2 个离心力的作用下相互碰撞、粉碎、研磨、混合试验样品。

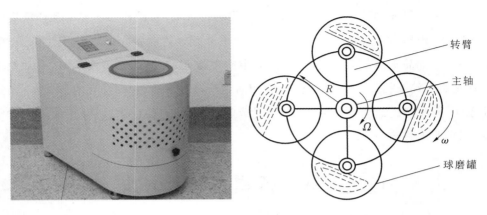

图 3-6　行星式球磨机设备及原理

3. 操作步骤

（1）将行星式球磨机放在平整开阔的位置，保持仪器平衡，打开仪器空转试运行几分钟，观察仪表显示是否有问题，并判断仪器内部是否有异响。

（2）检查完毕后，拔出插销，将仪器断电，防止操作时的误触启动。

（3）将准备好的样品和研磨介质放入球磨罐中，注意预留研磨空间，如不清楚球料比，建议预留研磨空间为球磨罐容积的 1/3。

（4）打开仪器箱盖，通过快速卡紧装置将球磨罐进行固定，后关闭箱盖。

（5）仪器通电，打开开关，设定研磨时间和转速。

（6）研磨完成后，关闭仪器，静置几分钟，待球磨罐降温后取下罐体，然后筛分提取样品。

（7）及时清洗球磨罐和研磨球。

4. 仪器维护及注意事项

操作时保持仪表和电气部位的干燥，严禁湿手操作；注意仪器连续工作时长，禁止超负荷运转；注意球磨罐的装样量，严禁满载或过载研磨；球磨机不使用时，必须断电，以防误触启动仪器。

3.4　金相室制样设备操作规范

3.4.1　自动金相试样镶嵌机

1. 仪器介绍

ixiang-5 型自动金相试样镶嵌机具有创新的内嵌式加热冷却结构，将样品镶嵌时间缩短到 6 min,大大提高了工作效率;开发了循环点动控压系统、方法及制作试样技术,实现镶嵌试样的控制压力、保持压力,达到提高镶嵌试样品质及硬度的目的;还创新应用了一种压力保持回路装置,能有效挤压出材料内残留的空气,使镶嵌试样质地均匀,且能防止空气残留产生的气泡,使试样表面平滑。样品实际制备过程中,需要不同的压力适应匹配各种热固性镶嵌料,ixiang-5 型自动金相试样镶嵌机可以根据不同需求精准控制压力大小,调整范围为 1~20 MPa。

ixiang-5 型自动金相试样镶嵌机可以使那些形状或尺寸不适合的试样通过镶嵌来满足随后的制样步骤要求,获得要求的检测平面,也可以保护边缘或预防制备过程造成的表面缺陷。在现代金相实验室中,广泛使用的半自动或自动研磨/抛光机对试样尺寸有规格要求,为了适应这种要求,必须对试样进行镶嵌,因此自动镶嵌机已成为金相实验室中必备的设备之一。

2. 工作原理

自动金相试样镶嵌机(见图 3-7)通过加热熔化热塑性镶嵌料使其完全包围被镶嵌试样,冷却凝固从而将试样完全包埋在固定形状的镶嵌料中,可对微小、不易手拿或不规则的金相、岩相试样进行镶嵌,并进行磨抛操作,镶嵌后有利于在金相显微镜下正确观看理想的材料组织和在硬度计上测试材料的硬度。

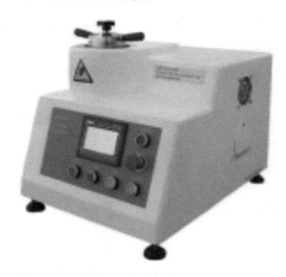

图 3-7　自动金相试样镶嵌机

3. 操作步骤

1) 操作前准备工作

仪器工作温度较高(135 ℃),工作期间不可触摸仪器。装取样品应使用较长的药匙和木制镊子,小心操作,避免烫伤。禁止向腔体内灌注任何液体。不得使用沾有水和油的镊子夹取试样。试样取出后须冷却5～10 min后方可触摸。使用完毕后应关闭开关。

2)具体操作步骤

通电前,检查线路是否接通,有无断电、漏电现象,确认腔体处于关闭状态。打开开关,将温度设置在镶嵌料适合的镶嵌温度(一般为135 ℃),等待升温。温度升至预设温度后,打开腔体,顺时针旋转手轮,使腔体底座露出。将待镶嵌试样放置于底座中间,逆时针缓慢旋转手轮,使底座下降15 mm左右。用药匙加入少量镶嵌料,小心覆盖住式样,再使底座下降30 mm。加镶嵌料(5～7药匙),然后将压块压入腔体,保持表面平齐。盖上固定螺杆,使螺杆与压块接触即可,然后顺时针旋转手轮,压力指示灯亮起再熄灭后,旋转3.5圈手轮,保持5～10 min。卸下压力,取出试样冷却,关闭电源。

4.仪器维护与注意事项

(1)未经过专业培训的人员,严禁使用本设备。

(2)每次镶嵌前,必须清理上、下垫块周围的镶嵌粉,上垫块放入时务必对正,以保证镶嵌顺利进行。

(3)镶嵌过程中,身体不要触碰设备,避免烫伤;镶嵌好的试样温度较高,切勿用手直接拿,待试样冷却后再处理。

(4)使用完毕后,将电源开关拨至"关",拔掉电源插头,并做好清洁保养工作,严禁使用具有腐蚀性的液体进行清洗,上、下垫块应涂上油脂,防止锈蚀。

(5)对丝杠、花键套、锥齿轮等转动或移动零件部位必须定期加油润滑,以免发生卡死、重负等现象,损坏机件。

(6)工作结束后,必须做好设备清洁保养工作,并做好实验室卫生及安全管理。

3.4.2 MP-2B型研磨抛光机

1.仪器介绍

MP-2B型三速金相试样研磨抛光机具有独立控制的双盘系统,用于研磨和抛光。机身采用厚板材制成,坚固稳定,经久耐用;电动机噪音小,磨盘转动平稳;采用柜式结构,可存放各类耗材、试样,使用方便;配备冷却水管,可调整旋转方向进行湿磨;使用时仅需更换砂纸及抛布,就能完成各种试样的粗磨、细磨及抛光等各道工序,是实验室的理想金相制样设备,如图3-8所示。

图 3-8　MP-2B 研磨抛光机

研磨抛光机主要用于:①去除表面缺陷。在制造过程中,材料表面常常会出现不平整、毛刺、氧化皮等缺陷,使用研磨抛光机可以去除这些缺陷,使得表面更加平滑。②改善表面质量。使用研磨抛光机可以大幅度提高材料表面的质量,使之达到更高的光洁度、平整度、亮度等。③提高附着力。研磨抛光机可以增大材料表面的摩擦系数和表面能,从而增强材料与其他物质之间的附着力。④增加耐腐蚀性。研磨抛光机可以去除材料表面的氧化物和污垢,从而提高材料的抗腐蚀性能。⑤修整形状和尺寸。除了表面处理外,研磨抛光机还可以通过去除材料表面的一部分,修整其形状和尺寸。

2. 工作原理

电动机带动安装在研磨抛光机上的海绵或羊毛使磨抛盘高速旋转,磨抛盘和抛光剂共同作用,与待抛表面进行摩擦,进而可达到去除漆面污染、氧化层、浅痕的目的。

3. 操作步骤

1) 研磨

将研磨砂纸铺平,粘贴或扣压在磨抛盘中;打开水龙头,调整水流;打开电源,显示器闪烁转速频率为"OK";将试样用力持住,轻轻靠近砂纸,待试样和砂纸接触良好并无跳动时,可用力压住并进行研磨;工作结束,按停/复键,电动机停止运转,关闭电源。

2) 抛光

将带压敏胶的抛光织物平整粘贴在磨抛盘上;将外圈压在磨抛盘的外圆上,可固定无压敏胶的织物;将调制好的抛光剂涂在织物上;将研磨好的试样用力持住,将试样按向磨抛盘中心,边抛光边向外圈平移试样;工作结束,按停/复键,电动机停止运转,关闭电源。

4. 仪器维护及注意事项

仪器使用之后务必要关上水阀及与之连接的水龙头,避免出现漏水、渗水。停止使用时磨抛盘内要注满清水,使砂纸浸在水中,否则砂纸会翘起,影响下次使用。不要使用过钝的砂纸,否则既降低磨抛效率又会使试样变形,影响试样质量。不允许使用已破损的砂纸,以免影响磨抛时的安全。及时清除底座中的沉积物以使排水畅通,不使用时应及时盖好塑料盖。长期使用后应及时更换轴承的润滑脂。本机部分零件采用硬塑料制成,低温时脆性较大,故在低于－3 ℃时工作时应特别注意,以免损坏。

3.4.3 蔡司光学显微镜

1. 仪器介绍

光学显微镜是一种精密的光学仪器,已有 300 多年的发展史。自从有了显微镜,人们看到了过去看不到的许多微小生物和构成生物的基本单元——细胞。不仅有能放大千余倍的光学显微镜,而且有放大几十万倍的电子显微镜,这使我们对生物体的生命活动规律有了更进一步的认识。普通中学生物教学大纲中规定的实验大部分要通过显微镜来完成。因此,显微镜的性能是做观察实验的关键。

光学显微镜是科学研究必不可少且应用广泛的仪器设备,可用来观察金属、陶瓷、高分子等材料微观组织形貌,在高校、科研院所、工厂、国防等领域的科研机构都有它们的身影。光学显微镜还可以供医疗卫生单位用于微生物、细胞、细菌、组织培养、悬浮体、沉淀物等的观察,在维护广大人民群众的身体健康、疾病检查等方面的作用巨大。光学显微镜在工业生产中也是常用的检测设备,广泛地应用于电子、化工等领域。

2. 工作原理

传统的光学显微镜主要由光学系统及支撑它们的机械结构组成,如图 3-9 所示。光学系统包括物镜、目镜和聚光镜,都是由各种光学玻璃做成的复杂化了的放大镜。物镜将标本放大成像,其放大倍率 $M_物$ 由下式决定:$M_物 = \Delta / f'_物$,式中 $f'_物$ 是物镜的焦距,Δ 可理解为物镜与目镜间的距离。目镜将物镜所成之像再次放大,成一个虚像在人眼前250 mm 处供人观察,这是多数人感觉最舒适的观察位置,目镜放大倍率 $M_目 = 250 / f'_目$,$f'_目$ 是目镜的焦距。显微镜的总放大倍率是物镜放大倍率与目镜放大倍率的乘积,即 $M = M_物 \times M_目 = \Delta \times 250 / (f'_目 \times f'_物)$。可见,减小物镜及目镜焦距将使总放大倍率提高,这是用显微镜可以看到细菌等微生物的关键,也是其与普通放大镜的区别所在。

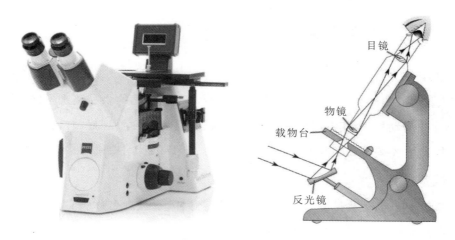

图 3-9　蔡司光学显微镜设备及原理

3. 操作步骤

使用前须检查试样表面是否清洁干燥,严禁对表面有水渍、腐蚀液渍的试样进行观察,否则易使显微镜镜头受到损坏;操作者的手必须洗净擦干,并保持环境的清洁、干燥;根据放大倍数选用所需的物镜和目镜,分别安装在物镜和目镜筒内,更换物镜、目镜时要格外小心,严防失手落地;打开电源,扭动粗调旋钮,使物镜慢慢降低以调节焦距,同时通过目镜仔细观察试样,当发现试样表面突然亮起后再改用微调手轮进行调节,慢慢调整微调旋钮,使得视野内图像最清晰为止;适当调节孔径光阑和视场光阑,以获得最佳质量的物像;将目镜视野切换到电脑显示器上,并进行适当微调,得到最清晰的金相图片;通过电脑软件对试样的金相形貌进行拍摄,并分析明确其组织形貌。观察结束后关闭照明开关,取下物镜,盖上防尘罩。

4. 仪器维护及注意事项

金相试样要干净,不得残留酒精和浸蚀液,以免腐蚀显微的镜头;更不能用手指去触碰镜头,若镜头中落有灰尘,可以用镜头纸擦拭。操作时须特别细心,不得有粗暴和剧烈的动作。不允许自行拆卸光学系统。在更换物镜或调焦时,要防止物镜受碰撞损坏。在旋转粗调或微调手轮时,动作要缓慢。当碰到某种障碍物时应立即停止,进行检查,不得用力强行转动,否则将会损坏机件。禁止观察未干燥和表面不平整的样品。更换卤素灯时要注意高温,以免灼伤;注意不要用手直接接触卤素灯的玻璃体。关机不使用时,不要立即盖防尘罩,待冷却后再盖;注意防火。

3.4.4 金相室其他注意事项

1. 基本规范

若人长时间离开金相室(包括中午吃饭),则需要将自己的物品整理干净,或者写个便签(名字+勿动)。金相室严禁放置实验的板子,需要自己整理好,自己保管。试剂瓶请放入柜子中,不要放在实验平台或者架子之上。破碎的玻璃器皿请及时扔掉。

2. 试剂使用

配置腐蚀液后,须将试液装进试剂瓶中并做好标识(试剂名称和实验人员姓名),剩下的废液倒入废液桶中,严禁倒入水槽中,并将用过的烧杯、量筒清洗干净,放在架子上。在实验结束后,将使用过的试剂瓶放归原处(配置过的电解抛光液,请标识好放入柜子里,同种材料一个月以内可重复使用)。透明镶嵌料尽量不要用丙酮融化,在镶样的背面滴几滴酒精,透明样会裂掉,可以用镊子掰开把样品取出。融化样品之后的托盘,请及时用清水冲洗。在实验结束后,应用抹布将实验平台擦干净。配置腐蚀液后房间应保持通风状态。

3. 镶样机使用

黑色镶嵌料:升温 5 min 左右(135～145 ℃),保压 10 min,冷却至少15 min。透明镶嵌料:升温 5 min 左右(135～145 ℃),保压 10 min,冷却至少30 min。使用前,若发现拧不动的情况,可以先加热一段时间,将底座升起一段距离,用砂纸打磨。使用不透明镶嵌料后,须用抹布蘸酒精将镶样机内壁清洗干净,使底座能顺畅地上下移动即可。

4. 磨样机使用

将水管接牢,水流不要过大,以防漫出。若有漏水的情况,请及时拿拖布清理干净。新装的水管切忌开着水龙头,而把另一头磨抛机的水龙头关闭造成水龙头的膨胀。用完的砂纸请丢入垃圾桶,并及时倾倒垃圾桶。一天实验结束,最后一人要保证垃圾桶的清洁。抛光液(膏)使用后请放归抽屉之中。

5. 硬度仪、金相显微镜的使用

数据请用"名字+日期"命名存储于 E 盘之中,严禁存储于桌面。用完的仪器,请及时关机并盖上防护罩。操作规范详见墙上海报。

6. 实验结束

将实验平台整理干净,各种物品放归原处,垃圾桶倾倒干净,关闭电源,盖上防护罩。

3.5　铸造类实验和设备操作规范

3.5.1　消失模铸造实验操作规范

1. 仪器介绍

1）抽真空系统

抽真空系统主要包括真空泵、水浴罐和滤砂罐,如图 3-10 所示。在真空泵作业下,空气先进入滤砂罐,可以防止砂箱中型砂进入真空系统;然后空气进入水浴罐中,在水中过滤,最后排出。

图 3-10　消失模铸造实验中的抽真空系统

2）三维振动台

三维振动台主要包括振动台和控制柜,如图 3-11 所示。振动台平衡布置六台振动电动机,实现 X、Y、Z 三个方向的振动。控制柜通过按钮开启 X、Y、Z 三个方向的振动。

本实验仪器用于材料加工中消失模铸造的完整工艺过程,包括泡沫模样制作、泡沫模样涂上涂料及烘干处理、砂型造型中振动紧实、浇铸中抽真空。

2. 工作原理

消失模铸造(lost foam casting,LFC)是指利用可发性塑料珠粒发泡成形后,制造出

图 3-11 三维振动台

泡沫塑料模样,并通过黏结做出复杂的泡沫塑料模样或模样组;在泡沫塑料模样表面涂挂涂料并干燥,采用无黏结剂的干砂作为型砂,通过振动以及抽负压的方法将覆盖塑料模样的干砂紧实,塑料模样不起模,将熔化的金属液浇铸到塑料模样上,高温的金属液促使泡沫塑料分解、气化排出,金属液取代塑料模样的位置,冷却凝固后,得到所需的铸件。

3. 操作步骤

1) 泡沫模样制作操作过程

利用泡沫切割机将不同厚度的板材裁剪成所需形状;将裁剪出的泡沫板材胶合成所需的模具形状;在做好的模样上均匀涂上涂料,然后放入烘干机进行烘干处理。

2) 砂型造型操作过程

打开真空泵水阀,开启真空泵控制按钮,使真空表示数到$-0.08\sim-0.1$ MPa 时待用。将砂箱放到三维振动机上,压紧;砂箱内加底砂,然后将烘干的泡沫模样放入砂箱,再加砂填实,保证浇冒口上部与砂上部平齐;开启三维振动机,设置 $X/Y/Z$ 三向振动方式,振动紧实后关闭三维振动机;最后盖上塑料薄膜,开启抽真空阀对砂型进行抽真空处理。

3) 铝合金熔炼与浇注

将 102 牌号铝合金放入井式坩埚炉内进行熔化,铝液加热至温度为 780 ℃后待用;打开抽风罩开关,开始抽风;将浇口杯放在砂箱上,对准模样浇冒口;砂箱抽负压,操作人必须穿戴防护手套和防护服,其他人员在安全区后,用小型浇包将适量的熔融金属浇入浇口杯;模样气化被金属所取代形成铸件。

4）落砂及取出铸件

待铸件凝固冷却后戴上防护手套将砂箱从振动台上取下,放入小车,推到抽风区;打开抽风机;戴上防护手套将浇注完毕的铸件从砂箱中分离出来;用一系列方法将浇冒系统去掉,得到所需铸件。

5）实验后操作

实验完毕,打开风扇使实验室通风;整理实验仪器。

4. 仪器维护及注意事项

砂箱内加底砂,放好消失模型后再加砂填实。选择开启三维振动台控制按钮。振动紧实后关闭三维振动控制按钮,盖上塑料薄膜,方可开启抽真空阀门。确认砂型强度后放上浇口杯进行浇注,待铸件凝固冷却后方可取出。

3.5.2　离心铸造实验操作规范

1. 仪器介绍

1）YO-710 全自动压模机

YO-710 全自动压模机基本工艺参数如表 3-1 所示。

表 3-1　设备基本工艺参数

型号	电源/V	功率/kW	恒温范围/℃	最大压力/t	模具直径/mm	模具厚度/mm
YO-710	220	6	50～300	50	9～14	<120

用途:橡胶模具的硫化成形。

2）YO-610 立式半自动离心机

YO-610 立式半自动离心机基本工艺参数如表 3-2 所示。

表 3-2　设备基本工艺参数

型号	电源/V	功率/kW	压力调节/kg	离心转速/(r/min)	模具直径/mm	模具厚度/mm
YO-610	220	0.74	0～6	0～1800	9～14	<120

用途:橡胶模具的离心浇铸。

实验仪器用于材料加工中离心铸造的完整工艺过程,包括橡胶模具制作和硫化,以及模具在旋转状态下浇铸。

2. 工作原理

离心铸造是将液态金属浇入旋转的铸型中,使之在离心力的作用下,完成充填和凝固成形的一种工艺方法,如图 3-12 所示。浇铸时橡胶模具安放在半自动离心机旋转压板上,开机后模具被压紧并与压板一起旋转,完成离心浇铸。

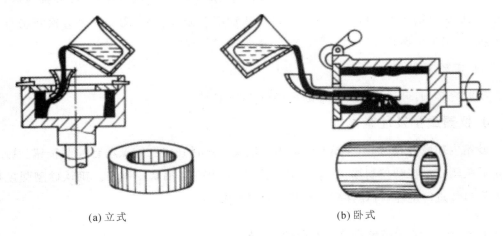

(a) 立式　　　　　　　　　　　　　　　(b) 卧式

图 3-12　离心浇注过程

3. 操作步骤

1）橡胶模具的硫化成形操作过程

(1) 接通全自动压模机 220 V 电源。

(2) 设定预热温度为 50～100 ℃,设定加热时间为 10～20 min,设定硫化时间为 60～90 min。

(3) 将待硫化模具放到压模机内,将旋钮旋转至"手动",按"上升"按钮使压模机加热板压紧模具。

(4) 将旋钮旋转至"自动",按"启动"按钮,压模机按步骤(2)设置的参数自动完成预热—加热—硫化,硫化结束后将旋钮旋至"自动",压模机自动下降,开始冷却。

(5) 模具完全冷却后,戴上保护手套,将模具从压模机中取出。

(6) 压模机上升时切勿将手放到压模机中,当心机械损伤。

2）金属熔炼操作

(1) 将锡和锌按比例 5∶1 加入加热炉,设置加热温度为 360 ℃左右。

(2) 开始加热,达到设置温度后待用。

3）离心铸造机操作过程

(1) 将整机放稳于水平地面,不能摇动。

(2) 接通 220 V 电源,打开控制面板上的主控开关,调好所需时间,设定时间为 40～80 s。

（3）接通气路，上盖自动打开，设定气压为 0.3～0.4 MPa。

（4）在调速面板上调节转动电动机的频率来控制其转速（转速＝频率×36）；每次调节频率后，要按"Enter"键确认，否则机器不能正常工作。

（5）将橡胶模放置在离心盘上，由模具中心孔定位。

（6）按启动按钮，上盖自动盖下，气缸上顶转动。

（7）穿戴防护手套和防护服，用小型浇包将适量熔液浇入浇口杯中。

（8）到设定时间后，上盖自动打开，停止转动。

（9）戴上防护手套取模，待冷却后将零件从浇冒口上取下。

4. 仪器维护及注意事项

（1）橡胶模具的硫化完成后，需要戴上防护手套，将模具从压模机中取出。

（2）压模机上升时切勿将手放到压模机中，当心机械损伤。

（3）离心机开启时，注意不要把手放在压板范围内，当心机箱盖自动关闭时损伤手。

（4）浇铸时穿戴防护手套和防护服。

（5）浇铸完成后取模时戴上防护手套，当心高温伤手。

3.6　焊接类实验和设备操作规范

3.6.1　MZ-1000 自动埋弧焊机操作规范

1. 仪器介绍

MZ 系列自动埋弧焊机配用直流弧焊电源、控制箱、焊车等部件，能够完成各种坡口的对接、搭接、角接，容器的环缝或直缝焊接。该焊机采用电弧电压反馈的变速送丝形式，电子调节电路的高灵敏度与快响应速度能使弧长较为稳定，焊机能够根据引弧时焊丝与工件的接触情况自动实现反抽或刮擦引弧，还能根据弧长自动熄弧，因而使焊接过程从引弧开始，向电弧送进焊丝，维持一定的弧长，电弧沿焊缝移动，熄弧稳定，能保证焊缝质量，简化操作，减轻劳动强度。MZ 系列自动埋弧焊机（见图 3-13）根据功率大小分为 MZ-630、MZ-800、MZ-1000、MZ-1250 共四种型号产品。

2. 工作原理

埋弧焊是以电弧作为热源的机械化焊接方法。如图 3-14 所示，焊接电源接在导电嘴和工件之间用来产生电弧；焊丝由焊丝盘经送丝机构和导电嘴送入焊接区；颗粒状焊剂由焊剂漏斗经软管均匀堆敷到焊接接口区。焊丝及送丝机构、焊剂漏斗和焊接控制盘等通常装在一台小车上,以实现焊接电弧的移动。

图 3-13　自动埋弧焊机实物

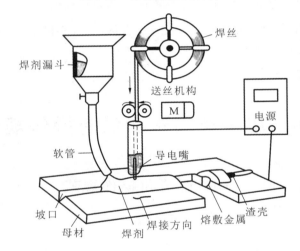

图 3-14　自动埋弧焊机原理

3. 操作步骤

1) 开机前检查

首先对焊机整体进行外观检查,查看有无碰损,各旋钮、开关是否转动正常,所接电源是否与本机要求相符,接地是否可行。后面板空气开关应置在 OFF 处。以上各项确定无误后,方可将后面板空气开关置在 ON 处。

2) 通电开机检查

先将电源/焊接小车七芯远控电缆插头、焊接小车行走插头、送丝控制插头分别插入各自的插座并拧紧。再将焊机后面板上的空气开关扳至上方,接通电源,此时查看风机是否转动,焊接小车、电源部分信号灯是否都亮。检查焊接小车各功能是否正常。如正常,则焊机正常。

3) 焊接准备

将控制箱、焊机及小车等的壳体或机体可靠接地。将各接头与对应的插座牢固相接。将焊机输出正极接至焊接小车,负极接工件,接头部分必须加紧,否则会影响焊接效果。清除焊机行走轨道上可能造成焊头与焊件短路的金属,以免短路而中断正常焊接。按正常程序装丝,调整好导电嘴与工件之间的距离(一般为 20~35 mm),并将焊丝略微压紧。根据工件的厚薄,并参照焊接规范选择焊接电流、焊接电压。预调焊接小车行走所需速度。调节压丝轮送丝,并观察焊丝伸缩是否正常。点动送丝按钮使焊丝接近工件起弧点进行划擦起弧或接触工件进行定点起弧。先装入焊剂,再打开焊剂漏斗开关,放出焊剂。

4) 焊接

上述各种准备工作结束后方可进行焊接。按下"焊接"按钮,焊丝缓慢送下,同时焊接小车开始行走,焊丝与工件接触,并自动引燃电弧,进入正常送丝状态。在焊接过程中,可随时调整焊接参数。焊机开始工作后,不可触及电缆接头、焊丝、导电嘴、焊丝盘及其支架、送丝轮、齿轮箱、送丝电机支架等带电体,以免触电。在焊接时,焊剂漏斗口距离焊件应有足够高度,以免焊剂层堆高不足而造成电弧穿顶,变成明弧过程。漏斗内应有足够的焊剂。需要结束焊接时,按下"停止"按钮,焊机停止工作。焊机使用完毕后应切断焊机主电源。

4. 仪器维护及注意事项

按外部接线图正确接线,并注意网络电压与焊机铭牌电压相等,电源要加接地线。焊接电源三相控制进线有相序关系,接线时应保证风扇吹风为上吹风。必须经常检查焊机的绝缘电阻,与电网有联系的线路及线圈电阻应不低于 $0.5\ M\Omega$,与电网无联系的线圈及线路电阻应不低于 $0.2\ M\Omega$。多芯电缆必须注意接头不能松动,避免接触不良影响焊接动作,并注意此电缆不能经常重复弯曲,以免内部导线折断。焊机允许在海拔不超过 1000 m、周围介质温度不超过 $+40\ ℃$、空气相对湿度不超过 85% 的场合使用。焊机在装运和安装过程中,切忌振动,以免影响工作性能。焊机的安置应使背面具有足够的空间,以供焊机通风,此空间长不小于 0.5 m。定期检查和更换焊车与送丝机构减速箱内的润滑油脂,定期检查焊丝输送滚轮与进给轮,如有磨损,须按易损件附图制造更换。在焊接电流回路内的各接点,如焊丝与工件的电缆接头、导电嘴与焊丝等必须保证接触良好,否则会造成电弧不稳,影响焊缝质量与外形。在网路电压波动大而频繁的场合,须考虑用专线供电,以确保焊缝质量。焊机及机头不能受雨水或腐蚀性气体的侵袭腐蚀,也不能在温度很高的环境中使用,以免电气元件受潮、腐烂或变质、损坏,影响运行性能。在焊机工作时必须注意:①焊机必须按照相应的负载率使用;②应经常保持焊机清洁,延长焊机寿命;③本焊机虽系下降特性类型焊机,但大电流工作时,其短路电流值仍较大,若长时间短路亦将会使变压器、电抗器烧坏,所以使用时应尽可能避免大电流工作时出现短路现象。

3.6.2 YR155S 单相交流电阻焊机操作规范

1. 仪器介绍

电阻焊机是利用电阻加热原理进行焊接的一种焊接设备,如图 3-15 所示。电阻焊机依据不同用途和要求可分为不同种类。从焊接方法分类,有点焊机、缝焊机、凸焊机和对焊机等;从电极的加压形式分类,有杠杆式、电动凸轮式、气压式、液压式以及气液压联合式焊机等多种;从电阻焊机的焊接电流种类分类,有单相工频焊机、次级整流焊机、三相低频焊机、电容储能焊机和逆变电源焊机等几种。电阻焊机主要由主电路部分、压力传动部分和控制部分组成。

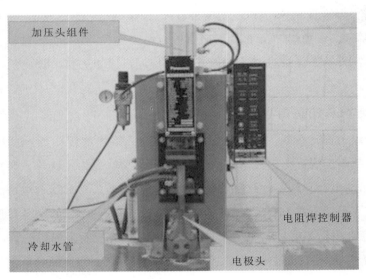

图 3-15 电阻焊机实物

2. 工作原理

电阻焊(resistance welding):将被焊工件压紧于两电极之间,并通以电流,利用电流流经工件接触面及邻近区域产生的电阻热效应将其加热到熔化或塑性状态,使之形成金属结合的一种方法。电阻焊是压力焊的一种。

电阻点焊机利用双面双点过流焊接的原理,在工作时采用两个电极对工件加压,使两层金属在两电极的压力下形成一定的接触电阻。焊接电流从一电极流经另一电极时在两接触电阻点形成瞬间的热熔接,沿两工件流至此电极形成回路,保证不会伤及被焊工件的内部结构。

点焊机的焊接步骤一般为先将焊件表面清理干净,装配准确,之后再送入上、下电极之间并施加压力;然后通电使两工件接触表面受热,局部熔化,形成熔核;断电后保持压力,使熔核在压力下冷却,凝固后去除压力,取出工件。

在这一过程中要注意点焊机的焊接电流、电极压力、通电时间及电极工作表面尺寸等点焊工艺参数对焊接质量的重大影响。图 3-16 为某焊机各部分名称、尺寸及主要技术参数示意图。

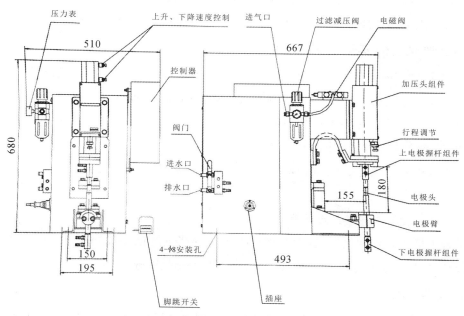

图 3-16　某焊机各部分名称、尺寸及主要技术参数示意图

3. 操作步骤

1）准备工作

先计算焊机功率,选择配套的电线及闸刀开关,且安装在近距离的地点,以便使用。将焊机右侧面输入电源线接入 380 V 动力电源,连续焊接时必须通水冷却。外壳接好地线。

2）焊接操作

焊接电流:可调节面板上点焊机控制器焊接电流程序,以工件厚度来设定电流(热量)大小。焊接时间:应调节时间程序,由短至长,先从 1 周波开始,根据情况逐渐升位,适当为止。焊接压力:压力大小可通过控制箱旁的压力表进行调节,压力视工件厚薄而定。当焊接参数选定,将试件置于两电极之间,然后踩下踏板开关,焊机按程序压紧工件进行焊接。根据焊接质量及焊点强度可反复修正焊接参数,直到获得最佳状态,最后将此数据视为操作标准。焊接完毕后,注意关闭焊机电源。

4. 仪器维护及注意事项

操作人员必须严格按照操作规程进行操作。工件表面锈蚀、油污应清除,否则将影响点焊质量。点焊时,焊接电流(热量)、焊接时间、电极压力均应反复调整后,方可得到最佳工艺参数,获得令人满意的焊接效果。电极点头的端部应保持光洁,不洁时应及时用挫刀和00号砂纸整修光滑。操作人员在操作时须戴手套及围身布(或穿工作服),以免被金属飞溅烫伤。如焊接遇到故障,要由电工专业人员按电气原理图逐步检查。

5. 日常遇到的问题及解决办法

(1)踩下脚踏板(开关),焊机不工作,电源指示灯不亮。

检查电源电压是否正常,检查控制系统是否正确,检查脚踏开关触点以及交流接触器触点分头换挡开关是否接触良好或烧损。

(2)电源指示灯亮,工件压紧不焊接。

检查脚踏板行程是否到位,脚踏开关是否接触良好;检查压力杠杆螺钉是否调整适当。

(3)焊接时出现不应有的飞溅。

检查电极头是否氧化严重,检查焊接工件是否严重腐蚀并接触不良,检查调节杆开关是否挡位过高,检查电极压力是否太小、焊接程序是否正确。

6. 安装维护

焊机必须妥善接地后方可使用,以保障人身安全。焊机使用前要用 500 V 兆欧表测试,焊机高压侧与机壳之间绝缘电阻不低于 2.5 MΩ 方可通电。检修时要先切断电源,方可开箱检查。焊机先通水后施焊,无水严禁工作。应保证在 0.15~0.2 MPa 进水压力下供应 5~30 ℃的工业用水。冬季焊机工作完毕后,应用压缩空气将管路中的水吹净,以免水管冻裂。

焊机引线不宜过细过长。焊接时的电压降不得大于初始电压的 5%,初始电压不能偏离电源电压的±10%。操作时应戴手套、围裙和防护眼镜,以免火星飞出烫伤。滑动部分应保持良好润滑,使用完后应清除金属溅末。新焊机开始使用 24 h 后应将各部件螺钉紧固一次,尤其要注意铜软联和电极之间连接螺钉一定要紧固好。用完后应经常清除电极杆和电极臂之间的氧化物,以保证良好接触。

使用焊机时如发现交流接触器吸合不实,说明电网电压过低,用户应该首先解决电源问题,待电源正常后方可使用。

由于电极的接触面积决定着电流密度,电极材料的电阻率和导热性关系着热量的产生和散失,因此,电极的形状和材料对熔核的形成有显著影响。随着电极端头的变形和磨损,接触面积增大,焊点强度将降低。工件表面的氧化物、污垢、油和其他杂质增大了接触电阻。过厚的氧化物层甚至会使电流不能通过。局部的导通,由于电流密度过大,则会产生飞溅和表面烧损。氧化物层的存在还会影响各个焊点加热的不均匀性,引起焊接质量波动。因此彻底清理工件表面是保证获得优质接头的必要条件。

7. 其他故障排除

(1)焊点压痕严重并有挤出物。

检查电流是否过大。检查焊接工件是否有凹凸不平。检查电极压力是否过大,电极头形状、截面是否合适。

(2)焊接工件强度不足。

检查电极压力是否太小,检查电极杆是否紧固好。检查焊接能量是否太小,焊接工件是否锈蚀严重,使焊点接触不良。检查电极头和电极杆、电极杆和电极臂之间是否氧化物过多。检查电极头截面是否因为磨损而增大造成焊接能量减小。检查电极和铜软联的结合面是否严重氧化。

(3)焊接时交流接触器响声异常。

检查交流接触器进线电压在焊接时是否低于自身释放电压(300 V)。检查电源引线是否过细过长,造成线路压降太大。检查网路电压是否太低,不能正常工作。检查主变压器是否有短路,造成电流太大。

(4)焊机出现过热现象。

检查电极座与机体之间绝缘电阻是否不良,造成局部短路。检查进水压力、水流量、供水温度是否合适,检查水路系统是否有污物堵塞,造成冷却不良而使电极臂、电极杆、电极头过热。检查铜软联和电极臂、电极杆和电极头接触面是否氧化严重,造成接触电阻增大,发热严重。检查电极头截面是否因磨损过多,使焊机过载而发热。检查焊接厚度、负载持续率是否超标,使焊机过载而发热。

3.7　Y41K-25 单柱校正液压机操作规范

1. 仪器介绍

Y41K-25 型单柱校正液压机可用于小型冲压零件生产,如图 3-17 所示。其公称压力为 250 kN,最大行程为 300 mm,压头工作速度为 8 mm/s,液压系统工作压力为 25 MPa。该机采用 PLC 控制,可配置计算机及控制软件,适时显示工作参数的数据及曲线。

图 3-17　单柱校正液压机实物

2. 工作原理

单柱校正液压机是利用液体来传递压力的设备。液体在密闭的容器中传递压力时遵循帕斯卡定律。该机液压传动系统由动力机构、控制机构、执行机构、辅助机构和工作介质组成。

动力机构通常为油泵,一般为容积式油泵。为了满足执行机构运动速度的要求,可选用一个油泵或多个油泵。低压(油压小于 2.5 MPa)用齿轮泵;中压(油压小于 6.3 MPa)用叶片泵;高压(油压小于 32.0 MPa)用柱塞泵。单柱校正液压机通常指液压泵和液压马达,液压泵和液压马达都是液压系统中的能量转换装置,不同的是液压泵把驱动电动机的机械能转换成油液的压力能,是液压系统中的动力装置,而液压马达是把油液的压力能转换成机械能,是液压系统中的执行装置。

　　单柱校正液压机具有独立的动力机构和电气系统,采用按钮集中控制,可实现调整、手动及半自动三种工作方式。机器的工作压力、压制速度、空载快下行和减速的行程和范围,均可根据工艺需要进行调整,并能完成顶出工艺、可带顶出工艺、拉伸工艺,每种工艺又有定压、定程两种工艺动作供选择。其中定压成形工艺在压制后具有顶出延时及自动回程功能。

　　单柱校正液压机具有广泛的通用性,适用于各种塑性材料的加工和成形,如挤压、弯曲、折边、拉伸等,同时也可用于各种塑料、粉末制品的压制成形。此外,单柱校正液压机还可用于制品的校正、压装和整形等。

3. 操作步骤

1）开机前检查

　　调整电接点压力表,使压力值为 5 MPa;检查油箱液位是否正确;检查电源线是否接好;检查电动机旋转方向是否正确;检查行程调节装置上的行程开关是否移至适当位置。

2）开机操作规程

　　接通电源;按下控制面板上的电源开关;打开计算机;释放紧急停止按钮。

3）试运行

　　(1) 空车试运行:调整控制面板上滑块上升和下降按钮,手动控制压头上升和下降。

　　(2) 负荷试运行:置一金属垫块于工作台上;按前述空车试运行方法,给工作台上的金属垫块加载,试压时将系统的工作压力从 5 MPa 起上升至 25 MPa 为止。在负荷试运行的过程中,应随时检查各管接头及密封处是否漏油,如有渗漏现象,应停机调整,以防止意外。

4）实验开展

　　(1) 安装模具,调整好模具间隙以避免偏心,特别要检查上下模是否均已可靠固定。

　　(2) 调整好工作压力,施压、保压次数与时间等工作参数。

　　(3) 将板料送入模具中,注意机体压板上下滑动时,严禁将手和头部伸进压板、模具工作部位。

　　(4) 调整液压机控制面板上的滑块上升和下降按钮,手动控制凸模上升和下降,完成冲压过程。

　　(5) 冲压完成后,取出成形零件和废料。

　　(6) 实验过程中如出现异常情况,必须马上按下控制面板上的"紧急停车"按钮,再检查处理。

4.仪器维护及注意事项

（1）不了解机器结构、性能和操作规程者，不应擅自开动机器。

（2）操作前应检查各紧固件是否牢靠，各运转部分及滑动面有无障碍物，油箱油液是否充足，油质是否良好，限位装置及安全防护装置是否完善，电路及接地是否良好。

（3）机器在工作过程中，不准进行检修。

（4）当发现机器有严重漏油或者其他异常时，如动作不可靠、噪声大、震动或者冲击等，应停机分析原因，设法消除故障。设备不得"带病"运转。

（5）不准超载与偏载使用，严禁油缸超过最大行程使用。

（6）液压机工作完毕，先关闭工作油泵，再切断电源。将液压机活塞杆擦拭干净，加好润滑油，并将模具、工件清理干净，摆放整齐，并做好使用记录。

（7）在工作时电气设备、电路制动器等发生损坏或电压突然剧烈下降时，必须立即停机，将电源切断后进行检查。

（8）当液压系统过热时，可能故障原因及对应处理方法为：安全阀压力调定值不适或有故障，检查调定值并进行处理；内部漏油（泵磨损），检查泵的内中漏油情况并进行更换；油的黏度过高或过低，检查油的黏度是否合适。

3.8　机械加工类设备操作规范

3.8.1　数控车床操作规范

1.仪器介绍

数控车床是使用较为广泛的数控机床之一，如图 3-18 所示。它主要用于轴类零件或盘类零件的内外圆柱面、任意锥角的内外圆锥面、复杂回转内外曲面和圆柱、圆锥螺纹等的切削加工，并能进行切槽、钻孔、扩孔、铰孔及镗孔等。数控机床按照事先编制好的加工程序，自动地对被加工零件进行加工。我们把零件的加工工艺路线、工艺参数，刀具的运动轨迹、位移量、切削参数以及辅助功能，按照数控机床规定的指令代码及程序格式编写成加工程序单，再把加工程序单中的内容记录在控制介质上，然后输入数控装置中，从而指挥机床加工零件。

2.工作原理

数控车床是数字控制车床的简称，是一种装有程序控制系统的自动化车床。该控制系统能够逻辑地处理具有控制编码或其他符号指令规定的程序，并将其译码，从而使车

图 3-18　数控车床实物

床动作并加工零件。与普通车床相比,数控车床有如下特点:加工精度高,具有稳定的加工质量;可进行多坐标的联动,能加工形状复杂的零件;加工零件改变时,一般只需要更改数控程序,可节省生产准备时间;车床本身的精度高、刚性大,可选择有利的加工量,生产效率高(一般为普通车床的 3~5 倍);车床自动化程度高,可以减轻劳动强度;对操作人员的素质要求较高,对维修人员的技术要求更高。

3. 操作步骤

1) 开机操作规程

插上电源—打开车床侧面开关—按下控制面板上的电源开关—打开计算机—释放紧急停止按钮。

2) 返回参考点

按下操作面板上"返回参考点"按钮,数据车床进入自动返回参考点操作;点击 X 轴正方向按钮,自动返回 X 轴零点,观察屏幕面板直到 X 坐标回到 0 值;依次采用相同步骤将 Y、Z 轴回到零点。

3) 装夹和定位

将长方体石蜡毛坯用夹具固定在车床工作台上。装夹时用力拧紧,防止工件在刀具高速旋转加工时松动;点击"偏置/设定",点击"工件坐标系",点击"分中功能",进入对刀操作,设定工件坐标系;先进行 X 方向分中,打开主轴正转按钮使刀具旋转,利用手轮进给移动刀具,使刀具边缘与工件 X 向一侧边缘轻微触碰,点击"辅助坐标教导",自动输入 X 轴对刀值,然后对工件 X 向另一侧边缘采用相同步骤,完成 X 向分中;采用相同步骤完成 Y 向分中;最后将刀具 Z 轴与工件上表面轻微触碰,光标移到 G54,根据相对坐标手动输入 Z 轴对刀值,完成 Z 向分中。分中目的是让平头铣刀的刀头中心与毛坯的中心点重合。

4)选择加工程序

点击"程序"进入程序界面,选择需要加工的程序。若是简单程序,可直接用键盘在 CNC 控制面板上输入;外部程序通过 DNC 方式输入数控系统内存。输入的程序若需要修改,则要进行编辑操作,点击"编辑",利用编辑键进行增加、删除、更改,编辑后的程序必须保存后方能运行。

5)加工

按控制面板的"Enter"按钮选择程序后,按下操作面板上的"自动加工模式",进行零件加工。

6)清理与取件

在程序停止运行后,将毛坯表面的石蜡碎屑清理干净,拧开固定毛坯的夹具,取出工件。

7)关机操作规程

压下紧急停止按钮—关闭控制面板上的电源开关—关闭车床侧面开关—断开电源。在车床运行过程中一旦发现问题,马上按下紧急停止按钮,并立即找有关人员进行处理。

4. 仪器维护及注意事项

数控车床是一种高精度、高效率的自动化机床。配备多工位刀塔或动力刀塔,机床就具有广泛的加工性能,可加工直线圆柱、斜线圆柱、圆弧和各种螺纹、槽、蜗杆等复杂工件,具有直线插补、圆弧插补等各种补偿功能,并在复杂零件的批量生产中发挥了良好的经济效果。

为了保证斜床身数控车床的工作精度,延长其使用寿命,必须对自用斜床身数控车床进行合理的维护保养工作。车床维护的好坏,直接影响工件的加工质量和生产效率。例如,当台湾台钰精机数控车床运行 500 h 以后,须进行一级保养。斜床身数控车床保养工作由操作工人主导,维修工人配合进行。保养时,必须首先切断电源,然后按保养内容和要求进行保养。

3.8.2 数控铣床操作规范

1. 仪器介绍

数控铣床除了具有普通铣床的加工特点外,还有如下特点:零件加工的适应性强、灵活性好,能加工轮廓形状特别复杂或难以控制尺寸的零件,如模具类零件、壳体类零件等;能加工普通铣床无法加工或很难加工的零件,如用数学模型描述的复杂曲线零件以及三维空间曲面类零件;能加工一次装夹定位后,需要进行多道工序加工的零件;加工精度高、加工质量稳定可靠,数控装置的脉冲当量一般为 0.001 mm,高精度的数控系统可达 0.1 μm,另外,数控加工还避免了操作人员的操作失误;生产自动化程度高,可以减轻操作者的劳动强度;有利于生产管理自动化;生产效率高,一般不需要使用专用夹具等专用工艺设备,在更换工件时只需调用存储于数控装置中的加工程序、装夹工具和调整刀具数据即可,因而大大缩短了生产周期。数控铣床具有铣床、镗床、钻床的功能,使工序高度集中,大大提高了生产效率。另外,数控铣床的主轴转速和进给速度都是无级变速的,因此有利于选择最佳切削用量。

2. 工作原理

数据铣床的工作原理如图 3-19 所示。

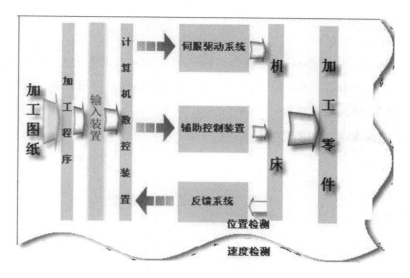

图 3-19　数控铣床的工作原理

3. 操作步骤

(1) 工作前要检查机床各系统是否安全好用,各限位开关是否能起到安全保护的作用。安装刀杆、支架、垫圈、分度头、虎钳、刀孔等,接触面均应擦干净。

(2) 机床开动前,检查刀具是否装牢,工件是否牢固。压板必须平稳,支撑压板的垫铁不宜过高或块数过多,使用前要检查平行度。

(3) 在机床上进行上下工件、刀具,紧固、调整、变速及测量工件等工作时必须停机,更换刀杆、刀盘、立铣头、铣刀时,均应停机。

（4）机床开动时，不准量尺寸、对样板或用手摸加工面。加工时不准将头贴近加工表面观察机床运动情况。取卸工件必须在移动刀具后进行。

（5）工作结束时，关闭各开关，把机床各手柄扳回空位，擦拭机床，注润滑油，维护机床清洁。

4. 仪器维护及注意事项

（1）操作前要穿紧身防护服，袖口扣紧，上衣下摆不能敞开，严禁戴手套，不得在开动的机床旁换衣服或围布于身上，防止机器绞伤。

（2）工件装夹前，应拟定装夹方法。装夹毛坯件时，台面要垫好，以免损伤工作台。工作台移动时，紧固螺钉应松开，工作台不移动时紧固螺钉应紧上。

（3）装卸刀具时，应保持铣刀锥体部分和锥孔的清洁，并要装夹牢固。高速切削时必须戴好防护镜。工作台上不准堆放工具、零件等物，注意刀具和工件的距离，防止发生撞击事故。

（4）安装铣刀前应检查刀具是否对号、完好，铣刀尽可能靠近主轴安装，装好后要试运行。安装工件应牢固。

（5）工作时应先用手进给，然后逐步自动走刀。运转自动走刀时，拉开手轮，注意限位挡块是否牢固，不准放到头，不要走到两极端而撞坏丝杠。使用快速行程时，要事先检查是否会相撞等，以免碰坏机件、铣刀碎裂飞出伤人。

5. 数控铣床和数控车床的区别

1）工作原理不同

数控车床主轴上是工件，而刀具在刀架上，并在 XZ 平面内做直线运动。

数控铣床主轴上是铣刀，而工件在工作台上。铣床在工作时，工件装在工作台上或分度头等附件上，铣刀旋转为主运动，辅以工作台或铣头的进给运动，工件即可获得所需的加工表面。由于是多刀断续切削，因而数控铣床的生产效率较高。

2）用途不同

数控车床加工的零件是旋转体，如轴、孔、退刀槽、内外螺纹等。在数控车床上还可用钻头、扩孔钻、铰刀、丝锥、板牙和滚花工具等进行相应的加工。数控车床主要用于加工轴、盘、套和其他具有回转表面的工件。

数控铣床可以加工平面、沟槽，也可以加工各种曲面、齿轮等。数控铣床除能铣削平面、沟槽、轮齿、螺纹和花键轴外，还能加工比较复杂的型面，效率较车床高，此外，还可用于加工回转体表面、内孔及进行切断工作等。

数控铣床和数控车床都属于机床，但数控铣床是用铣刀对工件进行铣削加工的机床,数控车床是用车刀对旋转的工件进行车削加工的机床。

3.8.3　线切割机操作规范

1. 仪器介绍

金刚石线切割机采用金刚石线单向循环或往复循环运动的方式,使金刚石线与被切割工件间形成相对的磨削运动,从而实现切割目的。

当加工的材料不导电而需要采用线切割的加工方式时,电火花线切割机将失去效果,因此金刚石线切割机便开始显现其加工优势,其可对导电和不导电材料(只要硬度比金刚石线的小)进行切割加工。因此,金刚石线切割机广泛用于切割各种金属和非金属复合材料,如陶瓷、玻璃、岩石、宝石、玉石、陨石、单晶硅、碳化硅、多晶硅、耐火砖、环氧板、铁氧体、PCB 以及建筑材料、牙科材料、生物及仿生复合材料等,特别适用于切割高硬度、高价值、易破碎的各种脆性晶体。

2. 工作原理

金刚石线切割机的切割原理与弓锯相仿。高速旋转并往复回转的绕丝筒带动金刚石线做往复运动,金刚石线被两个张紧线轮(弹簧的或气动的)所张紧,同时加设两个导向轮以确保切割的精度和面型。通过自动控制工作台向金刚石线控制台方向不断地进给,或是控制金刚石线控制台向工作台方向不断进给,从而使金刚石线与被切割工件间产生磨削而形成切割。切割过程中,由于金刚石线直径小,且具有弹性,金刚石线在被切割工件和位于其左右的两个导向轮之间形成一个张角,金刚石线呈微弧状,因此施加到被切割工件上的力连同金刚石线与被切割工件间的相对运动,才使切割不断进行。

3. 操作步骤

1) 检查

检查设备周边环境是否安全;检查压缩空气是否正常;检查设备润滑油杯中是否有油;检查水箱中是否有冷却切削液;摇动设备各运动部件手柄,检查其是否正常;检查工具、工装是否状态良好。

2) 开机

启动设备控制总电源;启动设备加工程序编制电脑;打开水泵开关,检查切削液循环系统是否正常;检查贮丝筒能否正常运转,此项检查必须在贮丝筒无绕线的前提下或金刚石线正常绕制在贮丝筒上并紧固时进行检查。

3）上线

调整贮丝筒使之向贮丝筒调节手柄方向移动，使贮丝筒上靠近手柄的紧固螺钉与两导线轮尽可能在同一条直线上；将上线车的电镀金刚石线绕在贮丝筒上（绕制约120 m），通过张紧轮张紧金刚石线，紧固在贮丝筒上；松开贮丝筒靠近手柄方向的紧固螺钉，将贮丝筒上金刚石线绕制导线轮上，导线轮绕制方绕制后线头继续紧固在贮丝筒螺钉上，调整贮丝筒上金刚石线匝间距，确保每匝互不压线，使用气缸张紧金刚石线，气压表调到3.5 MPa；调整贮丝筒限位开关，确保贮丝筒运动时两边均有5～10匝的安全距离，锁死限位开关螺钉；将贮丝筒挡板放置在正确位置。

4）编程

根据产品切割形状和要求，沿程序起点画出1.2倍产品半径的直线；根据产品直径调整直线在不同区间的偏转角度，形成加工程序轨迹曲线。

5）加工

点击程序中"加工"窗口，调出产品加工所需程序；关闭设备所有防护外置；启动"断丝保护"，启动"冷却水"，启动设备"运丝"，点击"切割"，开始加工；过程中注意设备是否断丝停机，冷却水是否正常。

6）关机

完成产品加工后，关闭设备，取下保护工装上的工件，清洗自检后送专检；关闭电脑和设备总电源，清洁设备及工作环境。

4. 仪器维护及注意事项

操作者必须熟悉砂线切割机床的操作技术，开机前按设备润滑要求，对机床有关部位注油润滑。操作者必须熟悉砂线切割加工工艺，恰当地选取加工参数，按规定顺序操作，防止造成断丝等事故。操作人员在开启砂线后严禁触摸，以防伤人。正式加工工件之前，应确认工件已安装正确，防止碰撞工架和因超程撞坏丝杠、螺母等传动部件。尽量消除残余应力，防止切割过程中工件爆裂伤人，加工前安放好防护罩。机床附近不得放置易燃物品，防止因工作液一时供应不上引起事故。在检修机床及其电气控制系统时应注意切断电源，防止触电和损坏电路元件。定期检查机床保护接地是否可靠，注意各部位是否漏电。合上电源后，不可用手或手持导电工具接触，防止触电。禁止用湿手按开关或接触电器部分，防止工作液等导电物进入电器部分。一旦电器短路造成火灾时，应首先切断电源，立即用四氯化碳灭火器灭火，严禁用水灭火。停机时应先停运丝，后停工作液。工作结束后关掉总电源，擦净工作台及夹具，并润滑机床。废弃工作皂化液按当地环保部门的要求处理。

3.9　力学性能仪器操作规范

3.9.1　万能材料试验机操作规范

1. 仪器介绍

GL028 型万能材料试验机如图 3-20 所示,量程为 49000 N,测力精度为 0.1％ F·s,数据采样频率不低于 1000 Hz,拉伸速度为 0.1～250 mm/min(可设定),适用于五金、橡/塑胶、化学纤维等各类材料的抗拉强度及断裂伸长率测试。

图 3-20　万能材料试验机

2. 工作原理

万能材料试验机按照国家首选的等速伸长(CRE)测试原理测定试样断裂强度及伸长率。仪器采用 32 位微处理器控制,曲线动态跟踪试验机工作状态,并自动缩放,记录其峰值强度和断裂伸长率。

3. 操作步骤

(1) 打开绿色电源开关,按下"F1"进入操作界面。

（2）默认的实验方法为"拉伸测试"，如果需要进行其他测试，按下"F2"进入"方法"，选择需要的测试方法，然后返回到主界面。

（3）按下"F1"进入菜单，根据相关标准，设置好夹具之间的距离以及测试速度，设置完毕后按"F4"，按键盘上的"↑"或者"↓"按照设定值调整好夹距。

（4）装夹试样之前按下"F3"校正键，对传感器进行清零，以保证测试结果的准确性。然后装夹试样，按下"TEST"开始测试，待试样断裂后，仪器会计算并显示测试结果，中间活动横梁自动回到初始位置。

（5）如果有多个试样需要测试，重复步骤（4）的操作。

（6）试验完毕，关掉总电源，并将仪器擦拭干净。

4. 仪器维护及注意事项

（1）在一组试验开始之前设定仪器参数，否则将导致数据处理出错。

（2）注意上夹钳受力应小于仪器的满量程值，切忌上夹钳承受力的冲击，否则测力传感器容易损坏。

（3）仪器运行时如有突发故障可紧急停止，再运行时须重新启动。

3.9.2 摆锤式冲击试验机操作规范

1. 仪器介绍

名称：450J 金属摆锤冲击试验机（见图 3-21）。

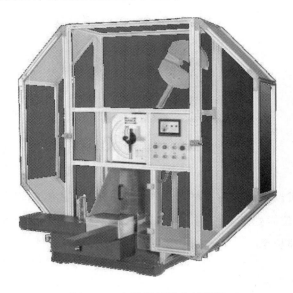

图 3-21 金属摆锤冲击试验机

型号:PIT452H-2。

规格:最大冲击能量为 450 J。

PIT 系列 H 型双立柱金属摆锤冲击试验机是 D 型旧式金属大摆锤冲击试验机的改进机型,保留了 PIT 系列 D 型试验机的稳定性等优点,消除了 D 型摆锤做大能量冲击时离合器易损耗的缺点,延长了大能量冲击时设备的使用寿命,同时增加了任意角度冲击功能。

冲击试验机是对金属材料在动负荷下抗冲击物理性能进行检测的仪器,可连续、大量地做金属冲击试验,具有显示冲击吸收功、冲击韧性、摆锤的旋转角度等功能,是金属材料生产厂家、质检部门及科研单位进行材料检测及研究不可缺少的测试仪器。

2. 工作原理

该型试验机采用德国西门子 S7-200 系列 PLC 控制器,配备真彩触摸屏作为人机操作界面;控制伺服电动机工作实现取放摆过程,配合组合气缸实现取送样过程,通过摆轴安装的编码器获取摆锤的实时角度,在各个控制环节均有对应的检测开关,实时监测机构的运行情况,并实现试验过程的智能控制;可通过 RS232/RS485 数据接口与计算机联机,使用万测公司自主研发的 TestPilot 软件,实现对设备的参数设置、控制和实验结果的存储,并可通过网络将实验结果上传至服务器,实现实验室数据联网。

3. 操作步骤

1) 检查运行状态

实验前必须检查试验机是否处于正常状态,各运转部件及其紧固件必须安全可靠。

2) 检查和调整拨针位置

当摆锤自由地处于铅垂位置时,拨转指针至读数盘的最大读数处,调整拨针使之上平面与指针小柱靠紧,然后旋转拨针上的紧固螺钉。

3) 空击试验和检查

空击试验的目的是检查能量损失是否过大,操作时将摆锤升起至扬角位置,手动将指针拨至最大读数处,操纵手控盒"冲击"按钮,当完成一次冲击摆锤回落时,用手将指针迅速地拨回读数盘最大读数处,待摆锤完成第二次冲击后,将其控制到"制动"位置(使摆轴勾住摆锤的调整套),读取指针指示值,将两次指示值(第一次应为 0)之差除以 2,即为一次空击过程中的能量损失。对最大冲击能量为 300 J 的摆锤,能量损失允许值为 1.5 J;对最大冲击能量为 150 J 的摆锤,能量损失允许值为 0.75 J。如果测量结果超出允许值,则应检查弹性垫圈压力是否过大、拨针是否松动和位置准确与否、摆轴轴承是否灵活等,直至达到允许值要求。

4）安装试样

将摆锤控制到"制动"位置后,在试件长度中部的正面与背面分别测量试件的宽度,取平均值记录。将试件置于摆锤冲击机的托板上,其正面对着摆锤,背面应与支撑刀刃靠紧。

5）冲击试验

将试件安装好后,再将指针拨至最大读数处,在确认工作环境安全正常后,按下释放按钮即可实现冲击。冲断试样后,将摆锤控制到"制动"位置,读取被动指针读数并记录。

4. 仪器维护及注意事项

经常保持设备和液晶控制系统的清洁、卫生。预防高温、过湿,避免灰尘、腐蚀性介质、水等浸入机器或液晶控制系统内部。定期检查,保持零件、部件的完整性。注意对易锈件涂上防锈油。注意对滑动机件、转动机件加润滑油。任何时候都不能带电插拔电源线、信号线及接口,否则容易损坏电气控制部分。实验完成后,必须将冲击摆(即摆锤)进行"放摆"操作,以防止意外发生。若控制柜电源开启之前冲击摆已经挂起,则开机后要先进行"放摆"操作,待冲击摆自由下垂静止后再按清零按钮清零。实验时禁止在冲击状态下人为断电。使用前应当检查钳口支座、摆锤等是否可靠紧固,以防止实验失准或发生意外。开机使用时先空转运行,以检查机器是否正常工作。试验机工作时,任何人员不得在摆锤摆动范围内活动或工作,以免发生事故。

3.10　高温炉操作规范

3.10.1　真空气氛箱式炉操作规范

1. 仪器介绍

真空气氛箱式炉简称真空气氛炉(见图 3-22),可应用于电子元器件、新型材料及粉体材料在真空或特定气氛条件下的热处理工艺,也可用于冶金、机械、轻工、商检等,以及高等院校及科研部门、工矿企业电子陶瓷产品的预烧、烧结、钎焊等工艺。

真空气氛炉具有在真空下或特定气氛中加热时防止氧化、除气作用。防氧化功能使工件表面无脱碳、无渗碳,还可以去掉工件表面的磷屑和锈迹,净化工件表面,可以使物料更好地附着在工件表面,提高产品的质量。除气作用能提高材料的表面纯度、疲劳强

图 3-22 真空气氛炉

度、可塑性和韧性,从而提升工件的力学性能,延长其使用寿命。

真空气氛炉内加热温度高,能有效脱脂和去除油污,蒸发各种杂质,净化工件表面,从而进一步提高产品质量。真空气氛炉内升温速度可控,且恒温区内温度偏差小,又能缓慢加热,所以工件各部分温度均衡,温差较小,热应力较小,成形后变形量小,能轻易地配合各个标准的部件,保证产品的成品率和质量。传统工艺不仅不能防氧化,而且部分温度过高,使工件各部分之间温差较大,成形后变形量巨大,达不到产品的要求。真空气氛炉内随着温度逐步的升高,氢的溶解度会越来越小,渗透于工件内部的氢会逐渐析出,所以真空气氛炉内无氢脆危险。真空气氛炉由微电脑控制升温,出错率小,工艺稳定性和重复性好。

2. 工作原理

真空气氛炉采用的是一种将真空技术与热处理技术相结合的新型热处理技术。与常规热处理技术相比,真空热处理技术在加热的同时,可实现无氧化、无脱碳、无渗碳,可去掉工件表面的磷屑,并有脱脂、除气等作用,从而使工件表面光亮洁净。

真空气氛炉由炉体(见图 3-23)、加热室、真空系统、充放气系统、风冷循环系统、电控系统、气动系统、水冷系统及料车组成。工作时将装配好的工件通过料车送入炉膛,然后关闭炉门,自动锁紧,通过预设程序控制抽真空、加热、冷却等整个热处理过程。工件在通入一定气体的炉膛内进行烧结。

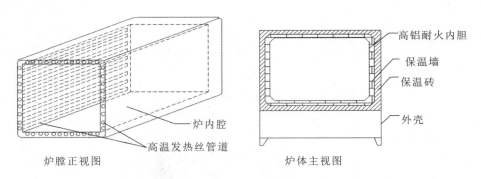

炉膛正视图　　　　　　　　　　炉体主视图

图 3-23　真空气氛炉炉体示意图

3. 操作步骤

（1）将炉膛内门堵用坩埚钳取出，将待烧结的样品放置在炉膛正中央，再将门堵放置在原始位置。

（2）关闭炉门，旋转炉门上的开关，使炉门与炉体紧紧贴合。

（3）按进气管、进气门、出气门、安全瓶顺序连接气路，通过进气门、气路开关调节气体流量，一般以安全瓶内气泡连续冒泡为准。

（4）按泵、波纹管、炉体的顺序依次连接完毕，关闭进气口与出气口阀门，打开抽气泵开关，旋开挡板阀。

（5）待真空度下降到 200 Pa 左右，打开空气开关，打开电源键，进入程序温度设定，按"加热"键开始工作。

（6）程序温度设定方法如下：

① 箱式炉屏幕上有两个示数：PV 和 SV。其中 PV 为炉膛实际温度，SV 是设置温度。

② 在待机状态下按下"◀"按钮，进入加热程序设置。按下"▲"和"▼"按钮修改数值。首先设置第一段温度，C01 代表室温（室温数值输入 0 即可），按一下循环键"↻"，进入第一段时间 t01 设置。这个时间是按照一定的加热速率从室温加热到 C02（设置的第一段温度）所需要的时间。然后按下"↻"，输入 C02 的值。

③ 推荐升温速率：0～200 ℃，5 ℃/min；200～1200 ℃，10 ℃/min；1200～1600 ℃，5 ℃/min；1600～1700 ℃，2 ℃/min。

④ 按照步骤②依次设置 C01、t01、C02、t02、……直到最后的温度设置完成。最后的温度设置完后，再按一下"↻"，将时间设置成"−121"，这是程序结束命令，执行"Stop"操作，而后自然降温。

⑤ 程序设定完成后，长按"▼"，出现字符"run"，加热程序启动；在加热过程中，长按"▼"，直到 SV 出现"Hold"字符，程序停止，温度保持当前温度；长按"▲"直到 SV 出现

"Stop"符号,程序终止并返回待机状态。

注:具体流程和示例,请参考说明书。

(7)缓慢打开进气阀门,通过流量计调节进气流速,待炉膛内气压恢复到正压,打开出气阀。

(8)加热完成后,待炉温自然冷却至 100 ℃以下,方可停止通气,打开炉膛取出物料。

4. 仪器维护及注意事项

仪器外壳必须有效接地,确保仪器安全。仪器应放置在通风良好的室内,周围不得放置易燃易爆物品。降温时请利用程序降温,设置降温程序,不建议直接按"Stop"进行降温。本仪器无防爆装置,不允许放入易燃易爆物品。使用完仪器后切断电源。本设备最高加热温度为 1700 ℃。

3.10.2　Mini 型高温管式炉操作规范

1. 仪器介绍

Mini 型高温管式炉(见图 3-24)是一种小型实验室仪器,用于高温处理和热处理样品。它由一个管状的炉膛和加热元件组成,能够提供高温环境,以满足不同实验和热处理需求。

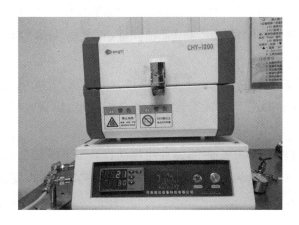

图 3-24　Mini 型高温管式炉

1)特点

(1)高温范围。Mini 型高温管式炉可以提供较高的温度范围:20～1200 ℃。

(2)稳定性和均匀性。它具有良好的温度稳定性和均匀性,确保样品在整个炉膛内获得一致的温度分布。这对于需要精确控制温度的实验和热处理过程非常重要。

(3)加热元件。Mini 型高温管式炉通常采用电阻加热元件,通过将电能转化为热能来加热炉膛。

（4）温度控制系统。Mini型高温管式炉配备了温度控制系统，可以精确控制和调节炉膛的温度。温度控制系统还可以提供温度显示和设置功能，以及其他相关参数的监测和控制功能。

（5）安全性。Mini型高温管式炉具有安全功能，例如过温保护和紧急停止按钮，以在异常情况下能够保护操作人员和仪器的安全。

（6）多样性。Mini型高温管式炉适用于多种实验和热处理过程，例如样品煅烧、退火、烧结、热分解、氧化等。

2）功能和用途

Mini型高温管式炉在材料科学中有重要应用。

（1）热处理。Mini型高温管式炉可用于材料的热处理过程，如退火、淬火、固溶处理等。这些热处理过程可以改变材料的结构和性能，例如提高材料的硬度、强度、耐腐蚀性等，以满足特定的应用需求。

（2）煅烧。在材料制备中，煅烧是一种将材料加热至高温以使其发生化学或物理变化的过程。Mini型高温管式炉可以提供煅烧所需的高温环境，以实现晶体生长、相变、结构调控等目的。

（3）烧结。烧结是将粉末材料加热至高温，使其粒子间发生结合，形成致密块状材料的过程。Mini型高温管式炉可用于烧结各种材料，如陶瓷、金属粉末等，以制备具有特定结构和性能的材料。

（4）热分解。某些化合物在高温下会发生热分解反应，分解成不同的组分。Mini型高温管式炉可以提供材料的热分解实验所需的高温环境，以研究反应机理、获取纯净的产物等。

（5）氧化。在材料研究和表征中，需要将样品在高温下暴露于氧化环境中进行实验。Mini型高温管式炉可以提供高温和氧化气氛，用于研究材料的氧化行为、氧化膜的形成等。

2. 工作原理

Mini型高温管式炉基于电阻加热的原理，利用电阻加热将电能转化为热能，并通过热传导将热能传递给炉膛内部，通过温度控制系统实现对温度的精确控制和调节（见图3-25）。

Mini型高温管式炉中的加热元件通常采用电阻加热丝或电阻加热器。这些加热元件由高温耐用材料制成，能够在高温环境下承受并产生热能。

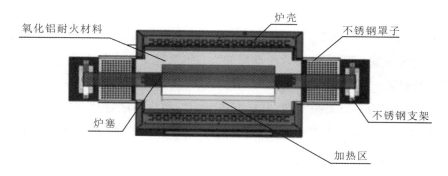

图 3-25　Mini 型高温管式炉原理

当电流通过加热元件时,电阻加热丝或电阻加热器产生电阻加热效应,将电能转化为热能。电流的大小可以通过温度控制系统进行调节,以控制加热元件的温度。加热元件所产生的热能会通过热传导传递给炉膛的管状壁体。这个壁体通常由耐高温材料制成,能够承受高温并将热能均匀传递到炉膛内部。

Mini 型高温管式炉配备了温度控制系统,通过传感器测量炉膛内的温度,并根据设定的温度值来控制通过加热元件的电流。温度控制系统可以实时监测和调节温度,以使炉膛温度保持在所需的范围内。

为了保证温度均匀性,Mini 型高温管式炉可采用优化的设计和加热元件布置方法。这有助于在整个炉膛内获得均匀的温度分布,以满足实验和热处理的要求。

3. 操作步骤

(1) 炉管对称放置在炉膛中央,样品置于炉管中央,将管堵置于炉膛两端,分多次均匀轮流紧固 3 颗六角螺钉,确保法兰不偏斜。

(2) 打开气路,应按气瓶主阀、分压阀、管路开关顺序打开,关闭时按相反方向关闭。

(3) 按进气管、进气门、出气门、安全瓶顺序连接气路,通过进气门、气路开关调节气体流量,一般以安全瓶内气泡连续冒泡为准。

(4) 打开空气开关,打开电源键,进入程序温度设定,按"加热"键开始工作。

(5) 程序温度设定方法如下:

① 管式炉屏幕上有两个示数:PV 和 SV。其中 PV 为炉膛实际温度,SV 是设置温度。

② 在待机状态下按下"◀"按钮,进入加热程序设置。按下"▲"和"▼"按钮修改数值。首先设置第一段温度,C01 代表室温(室温数值输入 0 即可),按一下循环键"↻",进入第一段时间 t01 设置。这个时间是按照一定的加热速率从室温加热到达 C02(设置的第一段温度)所需要的时间。然后按下"↻",输入 C02 的值。

③ 推荐升温速率：10 ℃/min。

④ 按照步骤②依次设置 C01、t01、C02、t02、……直到最后的温度设置完成。最后的温度设置完后，再按一下"↻"，将时间设置成"－121"，这是程序结束命令，执行"Stop"操作，而后自然降温。

⑤ 程序设定完成后，长按"▼"，出现字符"run"，加热程序启动；在加热过程中，长按"▼"，直到 SV 出现"Hold"，程序停止，温度保持当前温度；长按"▲"直到 SV 出现"Stop"符号，程序终止并返回待机状态。

注：具体流程和示例，请参考说明书。

（6）加热完成后，待炉温自然冷却至 100 ℃以下，方可停止通气，打开炉膛取出物料。

4. 仪器维护及注意事项

仪器外壳必须有效接地，确保仪器安全。仪器应放置在通风良好的室内，周围不得放置易燃易爆物品。本仪器无防爆装置，不允许放入易燃易爆物品。降温时请利用程序降温，设置降温程序，不建议直接按"Stop"进行降温。使用完仪器后切断电源。该仪器的最高使用温度为 1200 ℃。

3.11　喷雾干燥设备操作规范

1. 仪器介绍

喷雾干燥是系统化技术应用于物料干燥的一种方法。于干燥室中将稀料雾化后，在与热空气的接触中，水分迅速汽化，即得到干燥产品。该法能直接使溶液、乳浊液干燥成粉状或颗粒状制品，可省去蒸发、粉碎等工序。

喷雾干燥优点如下。

（1）提高产品质量。某些化工产品，如减水剂、坯体增强剂、防腐剂等，其质量与含水量有关。物料经过实验室喷雾干燥机处理，水分除去后，有效成分相应增多，产品质量也得到提高。

（2）将原料或产品干燥至达到可保存要求，便于储藏。如由于水分的存在，有利于微生物的繁殖，食品易霉烂、遭虫蛀或变质，这类物料经过实验室喷雾干燥机干燥后便于储藏。又如生物化学制品，陶瓷的色料、釉料产品，若含水量超过规定标准，则易于变质，影响使用期限，所以需要经干燥后储藏。

（3）使物料便于加工。例如，由于加工工艺要求，陶粒需要粉碎（或造粒）至达到一定的粒度范围和含水率要求，以利于加工和利用。又如，催化剂半成品的造粒干燥，可使其保持一定含水率和满足粒度范围,有利于压片成形等。

(4) 使物料便于使用。例如,多孔陶瓷体含水率大于 2% 时,采用梭式窑来烧成势必会产生大量裂缝,因此,使用实验室喷雾干燥机将物料干燥到含水率小于 2%,有利于提高多孔陶瓷体的烧成合格率。

(5) 使物料便于运输,将原料或制品干燥为固体。如对液体原料、泥浆等,将其用实验室喷雾干燥机干燥为颗粒固体,便于包装和运输。

实验室喷雾干燥机如图 3-26 所示。

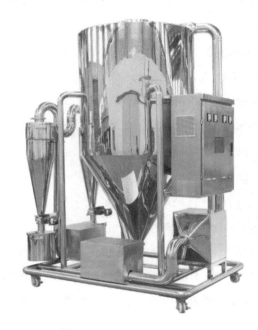

图 3-26　实验室喷雾干燥机

2. 工作原理

实验室喷雾干燥机通过机械作用,将需要干燥的物料分散成很细的像雾一样的微粒(增大水分蒸发面积,加速干燥过程),使之与热空气接触,在瞬间将大部分水分除去,使物料中的固体物质干燥成粉末。

1) 压力喷雾干燥法

(1) 原理:利用高压泵,以 70~200 个大气压的压力,将物料通过雾化器(喷枪),聚化成粒径为 10~200 μm 的雾状微粒,使之与热空气直接接触,进行热交换,短时间内完成干燥。

(2) 压力喷雾微粒化装置分为 M 型和 S 型,具有使液流产生旋转的导沟。M 型导沟轴线垂直于喷嘴轴线,不与之相交;S 型导沟轴线与水平线成一定角度。其目的都是设法增大喷雾时溶液的湍流度。

2）离心喷雾干燥法

（1）原理：利用水平方向做高速旋转的圆盘给予溶液以离心力，使其高速甩出，形成薄膜、细丝或液滴，在空气的摩擦、阻碍、撕裂作用下，随圆盘旋转产生的切向加速度与离心力产生的径向加速度合成。液体轨迹为一螺旋形，沿着此螺旋线自圆盘上被抛出后，液体就分散成很微小的液滴以平均速度沿着圆盘切径方向运动，同时液滴又受到地心引力而下落。由于喷洒出的微粒大小不同，因而它们飞行距离也就不同，因此在不同距离处落下的微粒形成一个关于转轴中心对称的圆柱体。

（2）获得较均匀液滴的要求：减少圆盘旋转时的震动；进入圆盘的液体数量在单位时间内保持恒定；圆盘表面平整光滑；圆盘的圆周速率不宜过小，$r_{min} = 60$ m/s，一般为 $100 \sim 160$ m/s，若圆周速度小于 60 m/s，则喷雾液滴不均匀。

（3）离心喷雾器的结构特点：润湿周边长，能使溶液达到高转速；喷雾均匀；结构坚固，质轻，简单，无死角，易拆洗，有较高生产效率。

3）气流式喷雾干燥法

湿物料经输送机与加热后的自然空气同时进入干燥器，二者充分混合，由于热质交换面积大，从而在很短的时间内达到蒸发干燥的目的。干燥后的成品从旋风分离器排出，一小部分飞粉由旋风除尘器或布袋除尘器回收利用。Q 型气流干燥器采用负压操作，物料不经过风机；QG 型气流干燥采用正压操作，物料经过风机，有粉碎作用；FG 型气流干燥器是尾气循环型气流干燥器；JG 型气流干燥是强化型气流干燥器，集闪蒸干燥与气流干燥为一体。

3. 操作步骤

1）开机前准备

检查机器是否清洗干净，检查各关节法兰是否拧紧；检查氮气是否够用，检查实验环境通风是否良好；连接蠕动软管。

2）开机

将红色旋钮旋到"ON"，按亮绿色按钮；在"参数设置"里设置进风温度，且不得高于200 ℃，其他参数不需要改动；打开"手动页面"，点击"风机"，同时打开氮气瓶气阀，调整副阀至 0.5 MPa；待氧气浓度降到 3.5% 以下，点击"加热"，同时开启冷却水；待进风温度稳定在设定温度，出风温度大致为进风温度的一半，且氧气浓度降到 0% 时，点击"蠕动"，调整至合适的蠕动进料速度。

3）关机

进料完成后，先关闭蠕动开关，再依次关闭蠕动，关闭加热；待进风温度降到 50 ℃ 以下后，关闭风机，最后关冷却水，关闭氮气瓶气阀；待集料罐温度降到室温左右，拧开法兰，收集样品。

4. 仪器维护及注意事项

该仪器附近严格防火，注意避免静电，避免大功率设备的使用。配置溶液时溶剂仅限使用水或者无水乙醇，不得使用其他溶剂；配置溶液浓度不可太大，防止溶液堵塞喷嘴，发生意外事故，并要防止黏壁现象，载气使用高纯氮气或者高纯氩气，禁止使用空气。进风温度不得高于 200 ℃，且必须高于溶剂的沸点。操作人员要守在喷雾干燥机旁，时刻观察机器运行情况，并要注意显示屏上的三个参数：①进风温度为设置温度；②出风温度大致为进风温度的一半，③氧气浓度为 0%。由于喷雾干燥机在使用时需要加热，故操作人员注意不要碰到仪器外壁，尤其是加热器和大舱，以防被烫伤。每次使用完毕，必须将仪器拆卸清洗干净，用吹风机吹干后再组装好，不得影响其他同学使用。清洗时要特别注意喷嘴等精密部件的清洗。

如被仪器烫伤，则应及时用凉水冲洗，严重的应及时送医院就医。若溶液溶度过大或者黏度过大，导致喷嘴堵塞，要及时开启通针。氧压过高时或发生意外情况时，紧急将红色旋钮调至"OFF"，切断电源，人员撤离。

3.12　电化学工作站操作规范

1. 仪器介绍

电化学工作站仪器内含快速数字信号发生器、用于高频交流阻抗测量的直接数字信号合成器、双通道高速数据采集系统、电位电流信号滤波器、多级信号增益、IR 降补偿电路，以及恒电位仪/恒电流仪。电位范围为 ±10 V，电流范围为 ±250 mA。电流测量下限低于 10 pA。CHI760E 系列电化学工作站如图 3-27 所示。

2. 工作原理

电化学工作站可直接用于超微电极上的稳态电流测量。如果其与 CHI200B 微电流放大器及屏蔽箱连接，可测量 1 pA 或更低的电流。如果其与 CHI680C 大电流放大器连接，电流测量范围可拓宽为 ±2 A。CHI760E 系列信号发生器的更新速率为 10 MHz，数据采集装置采用两个同步 16 位高分辨低噪声的模数转换器，双通道同时采样的最高速率为 1 MHz。双通道同步电流电位采样可加快阻抗测量的速度。某些实验方法的时间

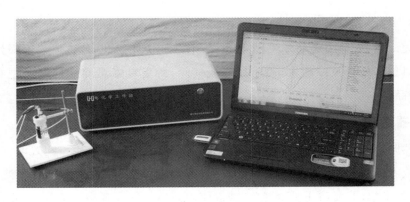

图 3-27　CHI760E 系列电化学工作站

尺度可达十个数量级,动态范围极为宽广。循环伏安法的扫描速度为 1000 V/s 时,电位增量仅为 0.1 mV;当扫描速度为 5000 V/s 时,电位增量为 1 mV。交流阻抗的测量频率可达 1 MHz,交流伏安法的频率可达 10 kHz。仪器可工作于二、三或四电极的方式。四电极可用于液-液界面电化学测量,对于大电流或低阻抗电解池(例如电池)也十分重要,可消除由电缆和接触电阻引起的测量误差。仪器还有外部信号输入通道,同步 16 位高分辨采样的最高速率为 1 MHz,可在记录电化学信号的同时记录外部输入的电压信号,例如光谱信号等。这对光谱电化学等实验而言极为方便。

3. 操作步骤

(1) 打开电脑和电化学工作站(工作站一般需要稳定一段时间,然后测试样品)。

(2) 电路连接:绿色铁夹接工作电极,红色铁夹接对电极,白色铁夹接参比电极。

(3) 打开软件,按工作站右边的"复位"按钮,工作站自动进行连接。如果连接对话框消失,说明连接成功;如果长时间不消失,点击"取消",重复连接过程,直至连接成功。

(4) 循环伏安测定:双击实验方法中的"循环伏安法",出现循环伏安法参数设定菜单,初始电位和开关电位设定值一样,电流极性设为"氧化"。如果实验中出现电流溢出(图像未出现峰,出现水平线)的现象,则将灵敏度调高,其他设置随实验方法不同而改变。例如测 MnO_2 时主要更改的参数是灵敏度(1 mA)、电流极性(氧化)、初始电位等于开关电位 1(0 V)、开关电位 2(1 V)、扫描速率(2、5、10、20、50 mV/s)、循环次数(≥10次)。

(5) 打开"控制"下的"开始实验",界面右上角出现"剩余时间"。

(6) 实验结束,"剩余时间"将消失,将实验结果另存为目标文件,此文件类型为工作站的默认类型,用 Excel 无法打开。

(7) 打开目标文件下的实验图形,打开数据处理下的"查看数据",选择显示曲线(不选第一次循环),点击"确定"。出现数据列表对话框,点击"保存",保存类型为 Excel。

（8）阻抗测定。

①开路电位测定：点击方法分类中的"恒电位技术"，双击实验方法中的"开路电位-时间曲线"，出现参数设定菜单，电流极性设为"氧化"，初始电位设为 0 V，采样间隔时间设为 0.5 s，等待时间设为 1 s，测量时间选择≥15 s，其他参数不变。测量结束，记下开路电位数值。

② 点击工具栏中"设置—交流阻抗—启动"。出现交流阻抗界面，点击"测量—阻抗—频率扫描法"，出现参数设定界面，电位设为开路电位值（注意：测得的开路电位值与此处的单位不同），最大频率为 100000，最小频率为 0.01，电流量程为 1 mA/V，其他参数设置不变（经常有最后几个点很长时间不出的现象，可以点击"停止"）。

（9）保存文件，此文件用 Excel 可以打开。

（10）关闭软件，关闭电化学工作站，关闭电脑。

（11）将电极夹放在小盒子中，将参比电极放在饱和的 KCl 溶液中，将对电极用蒸馏水清洗干净，将工作电极用超声波清洗干净。

4. 仪器维护及注意事项

如果对电极上粘有油腻物质，应用丙酮清洗，然后分别用铬酸溶液和去离子水清洗干净；工作站每隔半个月启动一次，时间应超过半个小时；使用时先开机，再开软件；不要让溶液洒到仪器上。

3.13　气瓶操作规范

1. 仪器介绍

气瓶是用于提供一定压力气体的容器。气瓶内常见的气体有氮气、氩气、空气、氦气、氢气、一氧化碳等。气瓶按容积大小一般分为 40 L 大钢瓶和 8 L 小钢瓶。如图 3-28 所示，气瓶一般由高压钢瓶主体和各种减压阀配合使用，通过减压阀获取不同压力值的各种气体，有些场景下还需要配合高压钢管使用。高压气瓶主要用于在合成和表征材料过程中作保护气或作反应气，在学校和生产中使用比较广泛。

2. 操作步骤

使用前检查连接部位是否漏气，可涂上肥皂液进行检查，调整至确实不漏气后才能进行操作。使用时先逆时针打开气瓶总开关，观察高压表读数，记录气瓶内的总气压，然后顺时针转动低压表压力调节螺杆，使其压缩主弹簧将活门打开。这样进口的高压气体由高压室经节流减压后进入低压室，并经出口通往工作系统。使用结束后，先顺时针关

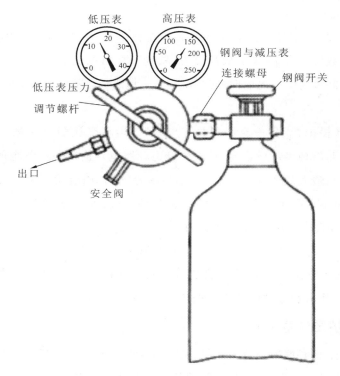

低压表　　高压表

钢阀与减压表

连接螺母　钢阀开关

低压表压力

调节螺杆

出口

安全阀

图 3-28　气瓶示意图

闭钢瓶总开关,再逆时针旋松减压阀。

3. 仪器维护及注意事项

（1）正确识别气体钢瓶,不同种类颜色标识不同。使用单位须确保采购的气体钢瓶质量可靠、标识准确完好。

（2）气瓶必须专瓶专用,不得擅自改装,应保持漆色完整、清晰。

（3）气体钢瓶必须直立放置并妥善固定。搬运时要旋上钢帽,使用专用小推车,轻装轻卸,严禁抛、滚、撞。要做好气体钢瓶和气体管路标识,有多种气体或多条管路时须绘制详细的供气管路图。

（4）气瓶钢瓶应放置在通风良好的地方,防雨淋和日光暴晒,避免剧烈震动。不得靠近明火热源,一般规定距明火热源 10 m 以上。

（5）高压气瓶开阀宜缓,必须经减压阀,不得直接放气,放气时人应站在出气口的侧面。

（6）检查是否漏气的方法:先由感观检查有无漏气和异味。如为有毒气体,可用肥皂液检验,如有气泡则说明有漏气现象。但必须注意:对氧气瓶禁止用肥皂液检漏,可以将软管套在气瓶出气嘴上,另一端接气球,如气球膨胀则说明有漏气。液化气体气瓶在冬天或瓶内压力降低时出气缓慢,可用热水给瓶身升温,不得用明火烘烤。

(7) 气瓶用毕关阀,应用手旋紧,不得用工具硬扳,以防损坏瓶阀。瓶内气体不得全部用尽,一般应保持 0.05 MPa 以上的残余压力,可燃性气体则应保留 0.2～0.3 Pa 残余压力,氢气应保留 2 MPa 残余压力,以备充气单位检验取样和避免重新充气时发生危险。

(8) 使用氧气瓶时,应严禁沾染油污,通气管道以及操作者身上、手上也要检查,以防氧气冲出造成燃烧和爆炸事故。禁止在气瓶附近吸烟。

(9) 使用氢气瓶时要注意房间通风条件要好,氢气瓶与盛有易燃易爆、可燃物质及氧化性气体的容器或气瓶间的距离应不小于 8 m,与普通电气设备的间距应不小于 10 m,与空调装置、空气压缩机和通风设备等吸风口的间距应不小于 20 m。禁止敲击、碰撞,不得靠近热源,夏季应防止暴晒。

(10) 高压气体进入反应装置前应先经过缓冲器,气瓶不得直接与反应器相连,以免冲料和倒灌。

(11) 气瓶有缺陷、安全附件不全或已损坏,不能保证安全使用的,必须退回至供气商处或请有资质的单位及时处理。

(12) 对废气体钢瓶,应联系校资产与实验室管理处统一处理。

3.14　HYF-500 型注塑机操作规范

1. 仪器介绍

注塑机(见图 3-29)又名注射成形机或注射机,它是将热塑性塑料或热固性塑料利用塑料成形模具制成各种形状的塑料制品的主要成形设备。注塑机按照注射装置和锁模装置的排列方式,可分为立式、卧式和立卧复合式三种。

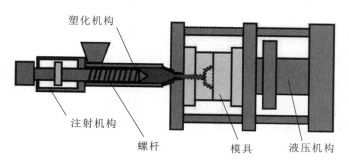

图 3-29　注塑机

2. 工作原理

注塑机的工作原理与打针用的注射器相似,它借助螺杆(或柱塞)的推力,将已塑化好的熔融状态(即黏流态)的塑料注射入闭合好的模腔内,经固化定型后取得制品。注射成形是一个循环的工艺过程,每一周期主要包括:定量加料—熔融塑化—施压注射—充模冷却—启模取件。取出塑件后又再闭模,进行下一个循环。

3. 操作步骤

1)开机前准备

确保油泵中液压油油位在油标中线以上。接通冷却循环水、设备电源。检查料筒上的温度测量传感器,确保其正常之后,再接通加热器的电源开关,并将温度调至适合物料注射的温度。调节喷嘴温度和注射计数器。值得注意的是,不用时,须将喷嘴温度旋转按钮转至 OFF;没有添加物料时,切勿调节喷嘴温度。

2)开机

合上 QF1 开关,电源指示灯亮,即可启动油泵马达和进行加热控制操作。

3)装模

在模具上安装与模板相适应的定位环,然后调整好合模安全装置、顶针行程和合模侧的行程开关等,防止调整模具时模具受损,并准备好装配需要的螺栓、连接件和工具等。须手动控制重复进行合模和开模、射台前进和后退操作,并进行全面检查,以确保模具的安装和限位开关调整完全正确。

(1)当动模板不处于开模停止位置时,启动油泵马达,开启模具,然后将射台向后移动,再关闭油泵马达。

(2)调整顶针的位置,使之与模具相适应。

(3)按调模开关,吊起模具,将模具临时定位于定模板上,然后启动油泵马达,使移模开关至"合模"和中间位置,模具逐渐合上。

(4)模具完全闭合后,旋转座进开关至"座进"和中间位置,然后通过上下和左右调整,确保喷嘴对准模具浇口中心。

(5)关闭油泵马达,拧紧将模具固定在定模板和动模板上的螺栓。

(6)卸下模具上的钢绳或皮带,并将限位开关在合模侧定位,使之与模具匹配。

(7)启动油泵马达,重复进行开模、调大或调小、合模,以使机铰在模具闭合时刚好伸直,同时观察压力表,将锁模力调至合适的值。

(8)重新调整合模侧限位开关。

(9)在产品试模时,根据产品成形质量,重复步骤(7)和(8),目的是在产品合格的前提下尽可能减小锁模力,延长设备使用寿命。

4）注射

（1）手动操作。

根据电源控制面板上各标定动作，按规定的顺序拨动相应的主令开关即可完成对应的机械动作。如果在设备动作过程中将开关复位，则所控制的机械动作会停止。动作说明：

① 合模过程中，按下 5X 时为低速，脱开时为高速，4X 为合模停止行程开关。合模终止行程程序在设备出厂时已调整完毕，一般不用变动，如需调整，合模停止应在机铰完全伸直时的位置动作。

② 开模过程中，会发生速度快慢的变化，要求按慢—快—慢—停止控制速度。开模刚开始时，系统运动状态为慢速高压，模具平稳离开分合面。此时，6X 行程开关释放复位，系统运动状态转至高速，模板迅速开启；按下 6X 时模板减速，而按下开模终止行程开关 7X 时，方向阀关闭，模板停止。开模终止行程开关 7X 的位置取决于安装的模具，但须避免超行程；当调整 7X 的位置时，机械安全装置也必须重新调整。

③ 开模结束后，顶出开始，按下顶出撞块触动行程开关 11X，顶杆立即退回；按下顶出后退终止行程开关 12X，完成一个往复动作。

④ 注射时，射台要向前，应按座进按钮；射台要后退，应按座退按钮。按下注射按钮，注射动作开始。注射过程中有两级压力控制，一级注射的压力由 V5 调节，二级注射的压力由 V4 调节，待时间继电器 1JS 计时到，整个注射动作结束。对于薄壁制品，二级注射压力应小于一级注射压力；对于厚壁制品，二级注射压力应大于一级注射压力。

⑤ 旋转熔胶旋钮，螺杆旋转同时逐渐退回至停止计量位置，并停转。按下熔胶行程开关 9X，熔胶加料结束，随后进入防流涎动作。

⑥ 本设备防流涎动作由"注射熔胶"选择开关控制，将选择开关旋转至"熔胶"位置，待熔胶结束后，自动进入防流涎动作，即螺杆退回。

（2）半自动操作。

合模结束后，设定好指令开关和各时间继电器，调整好各行程开关的位置，设定各动作的压力，并确保料筒内温度适合于正在注射的物料。将操作方式选择开关转至"半自动"位置，关闭安全门，启动油泵马达，设备完成合模—座进—注射—熔胶—防流涎—冷却—开模—顶出整个动作循环。打开安全门，取出模具内成形坯体，又进行下一个动作循环。

（3）全自动操作。

合模结束后，设定好指令开关和各时间继电器，调整好各行程开关的位置，设定各动作的压力，并确保料筒内温度适合于正在注射的物料。将操作方式选择开关转至"全自动"位置,启动油泵马达,开始全自动循环,待一个动作循环结束,"循环时间"继电器计时到,自动接通合模(不需要再拉安全门)转入下一个循环,从而实现全自动控制。

5) 关机

当物料用完或所需成形坯体数量达到要求时,必须断电热停机,将喷嘴温度调节器旋转按钮旋转至"OFF",使调节器断开。手动控制,进行合模(但不要高压合模),并将射台、螺杆退回停止位置。关闭油泵马达,断开操作电源,并断开设备总电源。彻底清理料筒内物料。

6) 拆模

先启动油泵马达,将模具完全闭合,然后关停油泵马达。打开安全门,将吊环螺栓装在模具上,并穿上钢绳以便吊起模具,然后卸下模具的全部夹件。启动油泵马达,按开模具按钮进行开模,当开模动作完成后,关停油泵马达。将模具从设备上吊出,并将它放在合适的地方保存。

7) 拆卸螺杆

按座退按钮,射台向后移动,直至不能移动为止;然后卸下射台的固定螺栓,完全拧紧喷嘴高度的调整螺钉,从操作侧将料筒前端推向非操作侧。将料筒加热至温度接近所用物料的温度最大值,然后断开加热器电源;调低注射压力,使螺杆(注射活塞)满冲程返回并停在设定位置,再卸除螺杆的固定半环。在螺杆刻有键槽的部分套上螺杆手柄,用扳手夹住螺杆头,旋转螺杆头使之脱离螺杆。为了避免螺杆受损,应将螺杆放在木板或木架上。

8) 拆卸料筒

拆除料筒全部的电热线圈,拆除固定料筒的螺栓,并将料筒暂时吊住。在注射杆与料筒之间插入木杆,并用铁夹夹住木杆。降低注射温度和压力,尽快使螺杆注射和螺杆退回,以使注射杆向前。当木杆完全插入料筒和注射杆之间时,从木杆上除下铁夹。当注射杆已全程向前移动之后,将它退回,再放入第二根木杆,然后使之向前移动,在料筒大约一半长度已被推出注射器之后,使料筒水平。重复上述步骤,以完成料筒从注射器的拆卸工作。料筒卸下来后,应放在下步工作不受干扰的地方。

4. 仪器维护及注意事项

操作者必须经过培训,掌握设备性能和操作技术后,才能独立作业。模具接触喷嘴之前应进行间歇性操作,即先前进后立即停止,再前进,以正确调整行程开关 13X 的位置。当喷嘴正在前进时,切勿赤手清除喷嘴处周围物料,应停止射台并用铁夹类工具进行铲除。工作结束后,必须做好设备和模具清洁保养工作,并做好实验室卫生及安全管理工作。

习　题

1.在使用设备时,如果发现设备工作异常,怎么办?(　　)

A.停机并报告相关负责人员　　　　B.关机走人

C.继续使用,注意观察　　　　　　D.停机自行维修

2.实验室电气设备引起火灾,应(　　)。

A.用水灭火

B.用二氧化碳或干粉灭火器灭火

C.用泡沫灭火器灭火

3.实验室仪器设备用电或线路发生故障着火时,应立即(　　),并组织人员用灭火器灭火。

A.将贵重仪器设备迅速转移

B.切断现场电源

C.将人员疏散

4.湿热灭菌是利用热的作用来杀菌,通常在什么设备中进行?(　　)

A.高压蒸汽灭菌器　　　　　　　　B.烘箱

C.高温水浴锅　　　　　　　　　　D.微波炉

5.设备运行中,发现试件装歪了,可以(　　)。

A.直接用手去调整　　　　　　　　B.不停机,用工具调整

C.停机,重新安装后运行　　　　　D.不停机,直至加工完毕

6.大型仪器一般都使用计算机进行控制。计算机与仪器之间的数据传输线在何种情况下进行装卸?(　　)

A.任意时刻

B.在仪器及计算机电源关闭时

C.在仪器处于工作状态时

D.在计算机处于工作状态时

7.模型工具使用后应如何放置?(　　)

A.放在工作台上　　　　　　　　　B.及时放在工具箱中

C.随意放置　　　　　　　　　　　D.放在随手可即的地方

8. 车床开动以后,(　　　)。

A. 不能同时使用纵、横向自动手柄

B. 不能改变进给量

C. 可以同时使用纵、横向自动手柄

9. 使用钻床时,是否可以戴手套操作?(　　　)

A. 不可以　　　　　B. 可以　　　　　C. 随便　　　　　D. 按需要

10. 铣床对刀时,应保证(　　　)。

A. 刀具静止,工件快速进给

B. 刀具旋转,工件慢速手动进给

C. 刀具静止,工件慢速进给

D. 刀具旋转,工件快速手动进给

第4章 金属粉末的安全使用规范

金属粉末是可燃性物质,具有燃烧和粉尘爆炸(见图4-1)的危险。另外,粉尘易飞散,有害于人们的身体健康。若生产、加工和处理金属粉末过程中遇着火的情况,必须小心处理,不要扰动粉末,以防止燃烧物喷出或发生小的爆炸。只有正确、规范进行粉末作业,才能保证人身安全。

图4-1 粉尘爆炸

4.1 金属粉末的基本概述

金属粉末是指粒径小于1 mm的金属颗粒群,包括单一金属粉末、合金粉末以及具有金属性质的某些难熔化合物粉末,是粉末冶金的主要原材料。大部分金属单质都是银白色或灰白色的,当金属粒径小到一定程度时,就是黑色的粉末。

金属粉末的制取和应用渊源久远。古代曾用金、银、青铜及其某些氧化物粉末作涂料,用于陶器、首饰等器具的着色、装饰。20世纪初,美国人库利吉(W. D. Coolidge)用氢还原氧化钨生产钨粉以制取钨丝,这是近代金属粉末生产的开端。此后,化学还原法制取铜、钴、镍、铁、碳化钨等多种粉末,促进了早期粉末冶金制品(含油多孔轴承、多孔过滤器、硬质合金等)的发展;此时还有羰基法制取铁粉和镍粉。20 世纪 30 年代,先有涡流研磨法制取铁粉,后来有固体碳还原法生产铁粉,成本很低;30 年代初还出现了熔融金属雾化法,这种方法起初用来制取低熔点金属如锡、铅、铝等粉末,到 40 年代初发展成为用高压空气雾化制取铁粉。20 世纪 50 年代开始,有高压水雾化制取合金钢和多种合金粉末;60 年代有多种雾化方式生产高合金粉末,促进了高性能粉末冶金制品的发展;70 年代以来出现了多种气相和液相物理化学反应方法,制取有重要用途的包覆粉末和超细粉末。

金属粉末属于松散状物质,其性能综合反映了金属本身的性质和单个颗粒的性状及颗粒群的特性。一般将金属粉末的性能分为化学性能、物理性能和工艺性能。化学性能是指金属含量和杂质含量。物理性能包括粉末的平均粒度和粒度分布,粉末的比表面积和真密度,颗粒的形状、表面形貌和内部显微结构。工艺性能是一种综合性能,包括粉末的流动性、松装密度、振实密度、压缩性、成形性和烧结尺寸变化等。此外,某些特殊用途还要求粉末具有其他化学和物理特性,如催化性能、电化学活性、耐蚀性能、电磁性能、摩擦性能等。金属粉末的性能在很大程度上取决于粉末的生产方法及制取工艺。粉末的基本性能可用特定的标准检测方法测定。其中粉末粒度及其分布的测定方法很多,一般用筛分析法(粒径$>44\ \mu m$)、沉降分析法(粒径为 $0.5\sim100\ \mu m$)、气体透过法、显微镜法等。超细粉末(粒径$<0.5\ \mu m$)粒度及其分布用电子显微镜和 X 射线小角度散射法测定。金属粉末习惯上分为粗粉、中等粉、细粉、微细粉和超细粉五个等级。

4.1.1　制取方法

通常按转变的作用原理将金属粉末制取方法分为机械法和物理化学法两类。金属粉末既可从固、液、气态金属直接细化获得,又可从其不同状态下的金属化合物经还原、热解、电解而制取。难熔金属的碳化物、氮化物、硼化物、硅化物一般可直接用化合或还原-化合方法制取。因制取方法不同,同一种粉末的形状、结构和粒度等特性常常差别很大。粉末的制取方法中应用最广的是还原法、雾化法、电解法。

1.还原法

还原法指利用还原剂夺取金属氧化物粉末中的氧,而使金属被还原成粉状。气体还原剂有氢气、氨气、煤气、转化天然气等。固体还原剂有碳、钠、钙、镁等。氢气或氨气作还原剂,常用来生产钨、钼、铁、铜、镍、钴等金属粉末。碳作还原剂,常用来生产铁粉。用金属强还原剂钠、镁、钙等,可以生产钽、铌、钛、锆、钒、铍、钍、铀等金属粉末。用高压氢气还原金属盐类水溶液,可制得镍、铜、钴及其合金或包覆粉末。还原法制成的粉末颗粒大多为海绵结构的不规则形状。粉末粒度主要取决于还原温度、时间和原料的粒度等因素。还原法可制取大多数金属粉末,是一种广泛应用的方法。

2. 雾化法

雾化法指将熔融金属雾化成细小液滴,在冷却介质中凝固成粉末。二流(熔体流和高速流体介质)雾化法是用高压空气、氮气、氩气等(气体雾化)和高压水(水雾化)作喷射介质来击碎金属液体流,从而获得金属粉末的方法。也有利用旋转盘粉碎和熔体自身(自耗电极和坩埚)旋转的离心雾化法,以及其他雾化方法如溶氢真空雾化、超声波雾化等。由于液滴细小和热交换条件好,液滴的冷凝速度一般可达 $100\sim10000$ ℃/s,比铸锭时高几个数量级,因此合金的成分均匀,组织细小,制成的合金材料无宏观偏析,性能优异。气雾化粉末一般近球形,水雾化可制得不规则形状的粉末。粉末的特性如粒度、形状和结晶组织等主要取决于熔体的性能(黏度、表面张力、过热度)和雾化工艺参数(如熔体流直径、喷嘴结构,喷射介质的压力、流速等)。几乎所有可被熔化的金属都可用雾化法生产其粉末,雾化法尤其适宜生产合金粉末。此法生产效率高,并易于扩大工业规模。雾化法不仅用于大量生产工业用铁、铜、铝粉和各种合金粉末,还来生产高纯净度(O_2 含量小于万分之一)的高温合金、高速钢、不锈钢和钛合金粉末。

3. 电解法

电解法指在金属盐水溶液中通直流电,金属离子即在阴极上放电析出,形成易于破碎成粉末的沉积层。金属离子一般来源于同种金属阳极的溶解,并在电流作用下自阳极向阴极迁移。影响粉末粒度的因素主要是电解液的组成和电解条件。一般电解粉末多呈树枝状,纯度较高。电解法的应用也很广泛,常用来生产铜、镍、铁、银、锡、铅、铬、锰等多种金属粉末;在一定条件下也可制取合金粉末。对于钽、铌、钛、锆、铍、钍、铀等稀有难熔金属,常采用复合熔盐作为电解质以制取粉末。但电解法耗电量大,成本较高。

4. 机械粉碎法

机械粉碎法主要通过压碎、击碎和磨削等作用将固态金属碎化成粉末,其设备分粗碎和细碎两类。主要起压碎作用的有碾碎机、辊轧机、颚式破碎机等粗碎设备。主要起击碎和磨削作用的有锤碎机、棒磨机、球磨机(振动球磨机、搅动球磨机)等细碎设备。机械粉碎法主要适用于粉碎脆性和易加工硬化的金属和合金,如锡、锰、铬、高碳铁等;也用来破碎由还原法制得的海绵状金属、由电解法制取的阴极沉积物;还用于破碎氢化后发脆的钛(后再脱氢制取细钛粉)。机械粉碎法效率低,能耗大,多作为其他制粉方法的补充手段,或用于混合不同性质的粉末。机械粉碎设备还包括旋涡研磨机,它靠两个叶轮造成涡流,使被气流所裹挟的颗粒相互高速碰撞而粉碎,可用于塑性金属的碎化。机械粉碎法中,冷流破碎法指用高速高压惰性气体流载带粗粉喷射到一金属靶上,在喷嘴出口处气流产生绝热膨胀,温度骤降至 0 ℃ 以下,使具有低温脆性的金属和合金粗粉粉碎成细粉;机械合金化法指用高能球磨机将不同的金属和高熔点化合物研磨至固溶或精细弥散的合金状态。

5. 羰基法

羰基法指将某些金属(铁、镍等)与一氧化碳合成为金属羰基化合物,再热分解为金属粉末和一氧化碳。这样制得的粉末很细(粒度为几百埃米至几微米),纯度很高,但成本也高。工业上此法主要用来生产镍和铁的细粉和超细粉,以及 Fe-Ni、Fe-Co、Ni-Co 等合金粉末。

6. 化合法

直接化合法指在高温下使碳、氮、硼、硅直接与难熔金属化合,还原化合法则指使碳、氮、碳化硼、硅与难熔金属氧化物作用。这两种方法都是常用的生产碳化物、氮化物、硼化物和硅化物粉末的方法。

7. 其他方法

粒径小于 10 μm 的微细粉末和超细粉末由于成分均匀、晶粒细小、活性大,在制造材料(如弥散强化合金、超微孔金属、金属磁带)和直接应用(如火箭的固体燃料和磁流体密封、磁性墨水等)方面有着特殊的地位。制造这类粉末除应用羰基法、电解法外,还可应用真空蒸发冷凝法和电弧喷雾、共沉淀复盐分解、气相还原等方法。

包覆粉末在热喷涂、原子能工程材料等特殊用途方面日益显示优异性。采用气相和液相沉积两类化学制粉方法,如氢还原热离解、高压氢还原、置换、电沉积等方法,可以制取金属和金属、金属和非金属混合的各种包覆粉末。

4.1.2　金属粉末的分类

1. 铝粉

铝粉俗称银粉,即银色的金属颜料,以纯铝箔加入少量润滑剂,经捣击压碎为鳞片状粉末,再经抛光而成,如图 4-2 所示。铝粉质轻,漂浮力高,遮盖力强,对光和热的反射性能较好,经处理也可成为非浮型铝粉。铝粉可以用来鉴别指纹,还可以做烟花。铝粉用途广,需求量大,品种多,是金属颜料中的一大类。

铝为银灰色的金属,相对密度为 2.55。纯度 99.5% 的铝熔点为 685 ℃,沸点为 2065 ℃,熔化吸热量为 323 kJ/g。铝有还原性,极易氧化,在氧化过程中放热,急剧氧化

图 4-2　铝粉

时放热量为 15.5 kJ/g。铝是延展性金属,易加工,表面的氧化膜透明且有很好的化学稳定性。

颜料用的铝粉粒子呈鳞片状,表面包覆处理剂。铝粉浆是颜料铝粉与溶剂的混合物,它的用途和特性与铝粉大致相同,由于使用起来简便,故产量和用量更大。颜料用铝粉与其他颜料相比,具有以下几方面的特性。

(1)鳞片状遮盖的特性。

铝粉粒子呈鳞片状,其片径与厚度的比例大约为(40∶1)~(100∶1)。铝粉分散到载体后具有与底材平行的特点,众多铝粉互相连接,大小粒子相互填补形成连续的金属膜,既遮盖了底材,又反射涂膜外的光线。铝粉遮盖力取决于比表面积,即径厚比。铝粉在研磨过程中被延展,径厚比不断增大,遮盖力也随之加强。

(2)铝粉的屏蔽特性。

分散在载体内的铝粉发生漂浮运动,其运动的结果总是使自身与被载体涂装的底材平行,形成连续的铝粉层,而且这种铝粉层在载体膜内多层平行排列。各层铝粉之间的孔隙互相错开,切断了载体膜的毛细微孔,外界的水分、气体无法透过毛细孔到达底材,这种特点就是铝粉良好的物理屏蔽特性。

(3)铝粉的光学特性。

铝粉由色浅、金属光泽度高的铝制成,表面光洁,能反射可见光、紫外光和红外光的 60%~90%。用含有铝粉的涂料涂装物体,其表面银白光亮,这就是铝粉反射光线的特征。

(4)铝粉的双色效应特性。

铝粉由于具有金属光泽和平行于被涂物的特性,在含有透明颜料的载体中,光泽度和颜色深浅随入射光的入射角度和视角的变化发生光和色的变化,这种特性称为双色效应。铝粉在涂膜内以不同层次排列,当入射光照射到各层铝鳞片时,因穿过不同厚度的涂膜受到不同程度的削弱,反射出的光线显然亮度也不同。当光线射入含透明颜料和铝粉的膜层内时,入射光透过颜料粒子成为有色光,再经过不同层次的铝粉反射出来,就会发生色调和金属光的变化。随着入射光和视角自垂直位置逐渐发生角位移,光线则透过含不同粒子数量的颜料和不同粒径的铝粉,反射出的光线色调和金属光也发生无穷的变化。铝粉的这种特性,已广泛地应用于涂料内,作锤纹漆或金属漆。

(5) 铝粉的漂浮特性。

颜料用铝粉及铝粉浆的一大种类是漂浮型的,它的特点是鳞片状粒子浮于涂膜表层。

2. 铜粉

铜是微红色、有光泽且有延展性的金属,其晶体为面心立方晶系,相对密度为 8.94;熔点为 1083 ℃,沸点为 2595 ℃;溶于硝酸、热的浓硫酸,极缓慢溶于盐酸、氨水、稀硫酸,亦溶于乙酸和其他有机酸,不溶于冷水和热水;露置空气中会变暗,在潮湿空气中表面逐渐形成绿色碱式碳酸盐;与乙炔接触形成撞击敏感化合物,铜粉或粉尘铜与强氧化剂接触将发生剧烈反应。铜粉(见图 4-3)是冶金工业中常用的一种金属颜料,有黑色、黄色、灰色、红色等颜色。在机械制造中,铜粉可以在各类工具和零件表面起到防锈作用。铜粉按生产方法分为熔铸型铜粉、粉末冶金型铜粉和铸造型铜粉三大类。熔铸型铜粉一般用于铸造合金,粉末冶金型铜粉主要用于制造压电陶瓷材料和各种导电材料,铸造型铜粉熔点较低,因此常用于高温合金和半导体行业,具有很好的抗氧化性,但粒度较小。熔铸型铜粉粒径较小,通常在 100 μm 以下。铜粉的应用如下。

图 4-3 铜粉

1）防锈剂

铜粉末中添加防锈添加剂，能使其防锈性能显著提高，是一种新型的防锈材料。铜粉的高导电性使其在表面处理过程中能有效防止金属表面氧化生锈，因此在机械制造过程中使用铜粉，可以减少零件因氧化生锈而造成的报废和材料的浪费。此外，铜粉还可以通过研磨得到更细的铜粉，以满足用户的更多需求。

2）涂料

铜粉是一种防腐防锈性能很好的金属颜料，具有良好的附着力，而且耐高温、耐氧化。因此铜粉用于各种油漆中可使漆膜具有良好的附着力和防腐蚀性能，在机械制造和电器制造中得到广泛应用。随着科技的不断发展，铜粉也在不断创新和发展，如电子设备、汽车等行业中都会用铜粉作为涂料。铜是一种优良的导电金属材料，具有良好的导电性，因此铜粉也可用作导电涂料来提高漆膜的导电性。

3）电镀

电镀铜粉主要用于制备电沉积材料，如铜合金、铜镀镍、铜镀铬等。由于具有良好的导电性和耐蚀性，铜粉还可用于制造各种导电元件，如导电线轴、导体材料等。另外，铜粉还可作为镀层材料使用，如镀锌、镀锡等。

4）电泳

向固体的金属或非金属粒子施加直流电场的作用，电极间的距离发生变化而粒子在电场中移动时，在一定范围内会出现泳移现象。由于固体粒子的表面存在电泳力，当粒子从溶液中分离时，电场力作用使粒子具有一定的速度向两极移动，这种现象称为电泳。铜粉的电泳可以用于汽车、航空、电子产品等行业的零件表面防锈处理，以延长其使用寿命。

5）电子产品制造

铜粉具有良好的导电性和导热性，因此常被用于电子产品的制造过程，例如，用于生产集成电路、电阻、电感、变压器和电容器等。在半导体行业中，铜粉还被广泛应用于制造半导体器件。

3. 钛粉

钛粉（见图 4-4）是一种轻质、高强度、耐腐蚀的金属粉末，可以用于制造航空航天器、医疗器械、化工设备等。此外，钛粉还可以用于制造钛合金材料，如钛合金板、钛合金管等。

钛粉为银灰色不规则状粉末，有较大的吸气能力，在高温或电火花条件下易燃。氢化钛粉为黑灰色不规则状粉末。钛粉及氢化钛粉都是用途非常广泛的金属粉末,可作粉末冶金、合金材料添加剂,同时也是金属陶瓷表面涂覆剂、铝合金添加剂、电真空吸气剂,以及喷膜、镀层等重要原材料。

图 4-4　钛粉

在金属元素中,钛的比强度很高,是一种高强度但低密度的金属,而且具有相当好的延展性(尤其是在无氧的环境下)。钛的表面呈银白色金属光泽。它的熔点超过1649 ℃,是良好的耐火金属材料,具有顺磁性,电导率及热导率皆低。商业等级的钛(纯度为99.2%)具有约434 MPa 的极限抗拉强度,与低等级的钢合金相当,但比钢合金要轻45%。钛的密度比铝的高 60%,但强度是常见的 6061-T6 铝合金的两倍。

钛不具有磁性,同时是不良的导热及导电体,在机械处理时需要注意,因为如不采用锋利的器具及适当的冷却手法,则钛会软化,并留有压痕。像钢结构体一样,钛结构体也有疲劳极限,因此在某些应用上可保证持久耐用。钛合金的比强度一般不如铝合金及碳纤维等其他物料,所以较少应用于需要高刚度的结构中。

钛具有优良的抗腐蚀能力(它的抗蚀性几乎跟铂一样好)。钛不受稀硫酸、稀盐酸、氯气、氯溶液及大部分有机酸的腐蚀,但仍可被浓酸溶解。钛暴露在高温空气中时,表面会生成一层钝氧化物保护膜,阻止氧化持续。在最初形成时,保护层厚度只有 1～2 nm,但会缓慢持续增厚,4 年间可达 25 nm。

但当钛被置于高温空气中时,便很容易与氧发生反应。这个反应在空气温度达1200 ℃时便会发生,而在纯氧中最低只需 610 ℃,生成二氧化钛。因此不能在空气中熔化钛,因为在到达熔点前钛会先燃烧起来,所以只能在惰性气体或真空中熔化钛。在550 ℃时,钛会与氯气结合,亦会与其他卤素结合,并吸收氢气。

4. 铁粉

铁粉是一种以纯铁或铁合金为主要原料的粉末材料,由纯铁或铁合金经过一系列加工和处理而成。铁粉广泛应用于制造各种铁制品,如磁性材料、焊条、涂料、金属填充材料、铁氧体、催化剂和强化材料等。与其他材料相比,铁粉具有良好的可塑性、可压缩性和可焊性,可以轻易通过成形和热处理等工艺制备成各种形状和尺寸的产品。此外,铁粉还具有良好的磁性能和导电性能,这使得它们在电子、电气和汽车等领域中得到广泛应用。

1)铁粉的性能

铁粉主要包括以下几方面性能。

(1)磁性能:铁粉具有良好的磁性能,能够在外加磁场的作用下呈现出磁性。铁粉的磁性能可以通过控制其粒度、形状、组织结构和添加其他金属元素等方式进行调控。

(2)密度和压缩性:铁粉具有高密度和压缩性,能够通过粉末冶金等工艺制备出各种形状和尺寸的产品。在制备过程中,铁粉的密度和压缩性可以通过控制其粒度、形状和压实条件等方式进行调控。

(3)可塑性和可加工性:铁粉具有良好的可塑性和可加工性,能够通过压制、挤压、轧制、冷拔、粉末注射成形等方式进行加工。在加工过程中,铁粉的可塑性和可加工性可以通过控制其粒度、形状、组织结构和添加其他金属元素等方式进行调控。

(4)化学稳定性:铁粉具有较好的化学稳定性,能够在常温下稳定存在。但是铁粉在潮湿、酸碱等恶劣环境中容易发生氧化反应,影响其性能和应用效果。

(5)机械强度和耐磨性:铁粉具有一定的机械强度和耐磨性,能够在机械应力和磨损等环境下保持一定的稳定性。铁粉的机械强度和耐磨性可以通过控制其粒度、形状、组织结构和添加其他金属元素等方式进行调控。

2)铁粉的应用

铁粉的应用领域如下。

(1)电子信息领域:铁粉具有良好的磁性能,能够用于制备各种磁性材料,如永磁材料、电磁铁芯、传感器等。这些材料在电子信息领域中有广泛的应用,如制造电动机、发电机、变压器、传感器、硬盘等。

(2)机械制造领域:铁粉是粉末冶金技术中最重要的原料之一,能够制备出各种形状和尺寸的金属零部件,如齿轮、轴承、齿条、销子等。粉末冶金技术具有高效、节能、低污染等优点,在机械制造领域中得到广泛应用。

（3）汽车制造领域：铁粉是汽车零部件制造的重要原材料之一,能够制备出形状复杂的零部件,如曲轴、连杆、齿轮、离合器片等。粉末冶金技术在汽车制造领域中得到广泛应用。

（4）建筑领域：铁粉能够用于制备焊接材料和防腐涂料等（如钢结构、管道、船舶、桥梁等）,在建筑领域有广泛的应用。

（5）医疗设备领域：铁粉能够用于制备医用材料,如人工骨、义齿、人工关节等,在医疗设备领域中有广泛的应用。

（6）其他领域：铁粉还能够用于制备电极材料、电池材料、催化剂等,在新能源、环保、化工等领域也有广泛的应用。

5. 锌粉

锌粉是一种具有良好耐腐蚀性的金属粉末,可以用于制造防腐涂料、电池、合金材料等。此外,锌粉还可以用于制造锌制品,如锌合金材料、锌板等。

锌是一种银白色略带淡蓝色的金属,密度为 $7.14 \ g/cm^3$,熔点为 419.5 ℃。在室温下,性较脆;100～150 ℃时,变软;超过 200 ℃后,又变干。锌的化学性质活泼,在常温下的空气中,表面生成一层薄而致密的碱式碳酸锌膜,可阻止进一步氧化。当温度达到225 ℃后,锌剧烈氧化。

锌在空气中很难燃烧,在氧气中燃烧发出强烈白光。锌表面有一层氧化锌,燃烧时冒出白烟,白色烟雾的主要成分是氧化锌,不仅阻隔锌燃烧,还会折射焰色形成惨白光芒。锌易溶于酸,也易从溶液中置换金、银、铜等。锌的氧化膜熔点高,但金属锌熔点却很低,所以在酒精灯上加热锌片,锌片熔化变软,却不掉落,正是因为氧化膜的作用。锌主要用于钢铁、冶金、机械、电气、化工、轻工、军事和医药等领域。

4.2　金属粉末的危害及原因

可燃物质（可燃气体、蒸气和粉尘）与空气（氧气）只有在一定浓度范围内均匀混合,形成预混气,遇到火源才会发生爆炸,这个浓度范围称为爆炸极限。可燃粉尘爆炸极限受分散度、湿度、温度和惰性粉尘影响,以其在混合物中所占体积的质量（g/m^3）来表示,例如铝粉的爆炸下限为 $35 \ g/m^3$。将可燃性混合物能够发生爆炸的最低浓度和最高浓度,分别称为爆炸下限和爆炸上限。在低于爆炸下限和高于爆炸上限浓度时,既不爆炸,也不着火。这是由于前者的可燃物浓度不够,过量空气的冷却作用阻止了火焰的蔓延,此时活性中心的销毁数大于产生数,而后者则是空气不足,火焰不能蔓延的缘故。

可燃性混合物处于爆炸下限和爆炸上限时,爆炸所产生的压力不大,温度不高,爆炸威力也小。当可燃物的浓度大致相当于反应当量浓度时,可燃性混合物具有最大的爆炸威力。反应当量浓度可根据燃烧反应式计算。可燃性混合物的爆炸极限范围越宽,即爆炸下限越低和爆炸上限越高时,其爆炸危险性越大。

可燃粉尘爆炸的三个条件:粉尘本身具有爆炸性(可氧化性);粉尘必须悬浮在空气中并混合达到爆炸极限;有足以引起粉尘爆炸的火源。

粉尘爆炸的过程:悬浮的粉尘在热源作用下迅速干燥或气化而产生可燃气体;可燃气体与空气混合而燃烧;粉尘燃烧放出的热量,以热传导和火焰辐射的方式传给附近悬浮的或被吹扬起来的粉尘,这些粉尘受热气化后使燃烧循环进行下去。随着每个循环的逐次进行,其反应速度逐渐加快,通过剧烈的燃烧,最后形成爆炸。

影响粉尘爆炸的因素:粉尘的颗粒度;粉尘挥发性、粉尘水分、粉尘灰分;火源强度等。

粉尘爆炸的特点:多次爆炸是粉尘爆炸的最大特点;粉尘爆炸所需的最小点火能量较高,一般在几十毫焦耳以上;与可燃性气体爆炸相比,粉尘爆炸压力上升较缓慢,高压力持续时间长,释放的能量大,破坏力强。

爆炸的预防原则:防止爆炸混合物的形成;严格控制火源;爆炸开始时就及时泄出压力;切断爆炸传播途径;减弱爆炸压力和冲击波。

4.2.1　金属粉尘爆炸的内在原因

处于粉尘状态的物质与固体状态物质有所不同,尤其是在燃烧特性方面。由固体变为粉尘后,原来非燃物质可能变为可燃物质,原来难燃物质可能变成易燃物质,原来可燃、易燃物质可能变为易爆炸物质,而这一变化是由粉尘的特性所决定的。

1. 粉尘的表面自由能

对于任何粉尘粒子来讲,其表面分子与内部分子所处的能量状态是不同的。在粉尘粒子内部的分子,因四面八方均有同类分子包围,所受周围分子的引力是对称的,可以相互抵消,它做分子运动(震动)时不需要消耗功(内能),而靠近粒子表面的分子所受内部密集的同类分子的引力远大于外部其他分子(气体分子)对它的引力,所以所受引力不能相互抵消。这些力的总和垂直于粉尘表面而指向粉尘内部,亦即表面分子受到向内的拉力,表面上的分子总比内部分子具有更高的能量,这种能量叫作表面自由能。

2. 粉尘的分散度和表面积

粉尘的分散度是粉尘按不同粒径(直径)分布的一种表征。其中小粒径粉尘越多,我们就称其分散度越大。而分散度的大小又决定着粉尘的表面积,分散度越大,则同样重量的粉尘表面积越大,表面分子越多,表面自由能越大。

3. 粉尘的吸附性

物质分子在粉尘表面上相对聚集的现象称为粉尘的吸附现象。粉尘的分散度较大,具有较大的表面积,从而具有较大的表面自由能,使粉尘的状态不稳定,活性增强,在理化性质上表现为粉尘较之原物质具有较小的点火能量和自燃点。

例如:铁块不会自主燃烧,在粉碎成粉尘时,最小点火能量小于 100 mJ,自燃点小于 300 ℃;煤粉的点火能量小于 40 mJ。

粉尘表面积的增大和吸附特性的存在,使得粉尘与空气中氧分子的接触面增大,增加了反应速度;表面积的增大,还使固体原有的导热能力下降,易使局部温度上升,也有利于反应进行。同时,粉尘在扩散作用大于重力作用时具有悬浮状态的稳定性,易与空气形成粉尘云。当各种条件具备时,粉尘就会发生爆炸。

4.2.2 金属粉尘爆炸的条件

金属粉尘爆炸本身是一类特殊的燃烧现象,它也需要三个条件:可燃物、助燃物、点火源。

1. 粉尘本身是可燃粉尘

可燃粉尘分有机粉尘和无机粉尘两类。有机粉尘如面粉、木粉、化学纤维粉尘等,基本是可燃的。无机粉尘包括金属粉尘和一部分矿物性粉尘(如煤、硫等),也都是可燃粉尘。黄沙和尘土的粉尘也很微小,但由于它们本身不能够燃烧,因此不具危险性。

2. 粉尘必须悬浮在助燃气体(如空气)中,混合达到爆炸极限

只有粉尘在助燃气体中悬浮,同时爆炸粉尘的浓度达到爆炸下限(一般是 20～60 g/m³),粉尘才会爆炸。浓度低于爆炸下限,粉尘难以形成持续燃烧,一般不会发生爆炸。

3. 有足以引起粉尘爆炸的点火源

粉尘具有较小的自燃点和最小点火能量。在其他条件满足的情况下只要外界的能量超过最小点火能量(多数在 10～100 mJ)或温度超过其自燃点(多数在 400～500 ℃),粉尘就会爆炸。

须指出的是,粉尘极有可能发生破坏性更大的二次爆炸。因为发生初次爆炸后,易引起周围环境的扰动,使那些沉积在地面、设备上的粉尘弥散而形成粉尘云,遇火源形成灾难性的第二次爆炸;另外第一次爆炸后,在粉尘的爆炸点,由于空气受热膨胀,密度变

小,迅速形成爆炸点逆流(俗称"返回风"),遇粉尘云和热能源,也会发生第二次爆炸。

4.2.3　铝镁粉尘爆炸及对策

铝镁金属加工成细小颗粒的粉末后,其总表面积增大,粉末颗粒表面与氧发生氧化反应的能力更强,蓄积热量的能力也随之增大,从而提高了化学活性。经竖直式爆管的试爆实验可观察到:首先是部分悬浮的粉尘粒子被加热,粉粒表面产生可燃性气体,与空气中的氧混合燃烧,放出的热量传导、辐射给附近的粉粒,这些粉粒受热气化,使燃烧循环持续进行。随着每个环节的逐次进行,反应速度逐渐加快,通过这样循环产生的激烈燃烧最后形成爆炸。

1. 粉末的粒度小到一定程度

因为铝镁粉尘爆炸是粉尘和空气迅速氧化反应而形成的,粉末粒度越小,单位质量的表面积越大,与氧的接触面积也就增大,反应就越迅速。如果粉尘粒径大于 30～40 目 (420～560 μm),就不容易产生粉尘爆炸。不过还要看粉尘的粒度分布,如果悬浮粉尘中能爆炸的细小颗粒占全部质量的 10% 以上,则粗大的颗粒也会产生爆炸。

2. 分散在助燃气体中并达到一定浓度

当铝镁粉尘分散在空气中,并达到一定浓度即爆炸极限时,粉尘才可能发生爆炸。一般铝镁粉尘堆积起来,即使着火也不爆炸。但是在燃烧的粉尘层中,由于失去气态燃烧产物而出现空腔,以致粉尘层向空腔崩塌,并与空气混合而产生达到爆炸浓度的粉尘云,这时也会引起爆炸。

3. 存在点火源

铝镁粉尘云必须遇点火源才能爆炸。除火焰外,使粉尘云着火的点火源通常有热表面和火花两种。经验告诉我们,可燃物与足够热的表面接触或靠近,就能着火。当粉尘层已经着火后,由于产生了比垫在它下面的热表面温度还要高的温度,或由于火焰,或由于燃烧着的粉尘云把火焰传播给较远的悬浮在空气中的粉尘,粉尘云会着火爆炸。另一种粉尘云点火源是火花。产生火花的原因可能是电、摩擦、撞击、热切割或焊接等。

4. 铝镁粉尘粒径对爆炸的影响

一定质量的铝、镁,其总表面积与颗粒的尺寸密切相关,边长 1 cm 的正方体颗粒的表面积为 6 cm^2,如果将其破碎成边长为 1 μm 的多个正方体时,则其总表面积可增加到 6 m^2。粒径越小,悬浮在空气中的时间越长,燃烧传播越容易,发生爆炸的机会越大。

粉尘颗粒平均直径越小,其比表面积就越大。粉尘的燃烧首先从粉粒表面开始,粒径越大,使其开始燃烧所需热量越大;粒径越小,与空气接触面积越大,使其开始燃烧所需热量越小,并有利于系统的温度升高,爆炸的危险性越大。

铝镁粉尘具有较强的活性,如果大量新鲜表面的粉粒突然在空气中暴露,由于粉粒表面与空气中的氧气急剧反应,则其燃烧爆炸的危险性会增大,反应式如下:

$$4Al+3O_2 \Longrightarrow 2Al_2O_3$$

$$2Mg+O_2 \Longrightarrow 2MgO$$

与可燃性气体共存对爆炸也有影响。铝镁粉尘爆炸所需要的最小着火能量大致是 $20\sim60$ mJ。由于铝、镁与水相遇会发生化学反应,产生可燃气体氢气,反应式如下:

$$Mg+2H_2O \Longrightarrow Mg(OH)_2+H_2 \uparrow$$

$$2Al+6H_2O \Longrightarrow 2Al(OH)_3+3H_2 \uparrow$$

因此,预防金属粉尘爆炸需要从多方面入手。

4.3 金属粉末的安全防护和事故应急处理

4.3.1 铝镁粉尘防爆安全措施

(1) 铝镁制品磨削、打磨、抛光工位应有防护措施阻挡粉尘飘散,应设置下吸尘或侧吸尘的吸尘排风罩并连接至除尘系统,完全吸收磨削、打磨、抛光加工铝镁制品时释放出的粉尘。

(2) 铝镁粉尘环境爆炸危险区应设置独立通排风除尘系统,生产车间内空气中的粉尘浓度应符合 GBZ/T 192.1 的规定并每班监测。

(3) 铝镁粉尘环境爆炸危险区的集中通风、采暖和空调管线进入生产车间之前应设置防火阀,通风风机、空调制冷/加热设备应设置在车间的外部。

(4) 铝镁粉尘环境爆炸危险区的电气设备及装置应符合电气防爆安全要求。

(5) 铝镁粉尘环境爆炸危险区不得采用产生明火、高温、使用或释放可燃气体等生产作业方式及工艺。

(6) 铝镁粉尘环境爆炸危险区不得设置存在爆炸危险的涂装烘干设备、空气压缩机、压缩空气贮罐、气瓶、加热及蒸汽系统等设备及装置。

(7) 应阻隔水、湿气、易燃易爆物质与铝镁粉尘接触。

(8) 应每班清理粉尘,收集的铝镁粉尘应装入专用的容器中,存放在隔离区域,必须采取防止粉尘遇湿自燃的防水、防潮措施。

(9) 铝镁粉尘环境爆炸危险区应设置安全警示标志牌。

4.3.2　电气防爆安全

（1）铝镁制品磨削、打磨、抛光、抛丸喷砂车间内，铝镁粉尘环境爆炸危险区的电机、电气线路、电气开关、电气插座、照明灯、配电柜（箱）等电气安全应符合 GB 50058、AQ 3009 规定的防爆安全要求，无积尘，严禁乱接临时用电线路。

（2）铝镁粉尘环境爆炸危险区内电气设备防爆类型的选用应符合下列要求：

① 20 区或 21 区内的电气设备应选用 DIP A20 或 DIP A21、DIP B20 或 DIP B21 型。

② 22 区内的电气设备应选用 DIP A21（IP6X）、DIP B21 型。

铝镁粉尘爆炸危险区域应根据铝镁粉尘爆炸环境出现的频繁程度和持续时间，按下列规定进行划分：

（a）20 区：空气中的铝镁粉尘云持续、长期或频繁地出现于爆炸性环境中的区域；

（b）21 区：在正常运行时，空气中的铝镁粉尘云很可能偶尔出现于爆炸性环境中的区域；

（c）22 区：在正常运行时，空气中的铝镁粉尘云一般不可能出现于爆炸性环境中的区域，即使出现，持续时间也是短暂的。

（3）铝镁粉尘环境爆炸危险区内各种电气设备应设置有效的接地保护，接地线与接地体的连接方式应采用焊接，接地体宜垂直敷设，并且应深入地面不小于 2 m，水平敷设时，埋设深度不小于 0.6 m，并应与建筑物相距 1.5 m 以上。

（4）铝镁粉尘环境爆炸危险区内所有金属导体都应可靠接地，每组专设的静电接电体接地电阻应小于 100 Ω；带电体的带电区对大地总泄漏电阻应小于 1×10^6 Ω，特殊情况下可放宽至 1×10^9 Ω；金属构件接地电阻不大于 1×10^4 Ω；所有接地导线应采用截面积不小于 4 mm² 的铜导线。

（5）除尘系统管道不得作为电气设备的接地导体。

4.3.3　除尘系统防爆安全

1. 除尘排风管道系统

管道系统的吸尘排风口应按照 GB/T 16758 的要求设置吸尘排风罩。若铝镁制品磨削、打磨、抛光会产生火花，则应在铝镁制品磨削、打磨、抛光设备的吸尘排风口的排风罩与除尘系统管道相连接处安装火花探测自动报警装置和火花熄灭装置。

管道系统的设计风速应大于 25 m/s，管道内的爆炸性粉尘浓度不得超过爆炸下限的 50%，管道内不应有粉尘沉降和积尘。

管道应采用导除静电的圆形横截面钢质金属材料制造,管道接口处应采用金属构件紧固并采用与管道横截面面积相等的过渡连接。管道直径≤300 mm,其接口的设计强度应大于 690 kPa;管道直径>300 mm,其接口的设计强度应依照 GB/T 15605 要求设计。

管道不应暗设,不应布置在地下、半地下建筑物中。

管道应设置径向控爆泄压口,且满足如下要求:

(1) 应在管道长度每隔 6 m 处,以及分支管道汇集到集中排风管道接口的集中排风管道上游的 1 m 处,设置径向控爆泄压口;

(2) 控爆泄压口的泄压面积应不小于管道横截面面积,泄压口的静开启压力不应大于与管道相连设备泄压装置的静开启压力;

(3) 设置在厂房建筑物内的控爆泄压口应设配备长度不超过 6 m 的泄爆间的通向厂房建筑物外部的泄压导管,泄压导管设计强度应高于衰减后的爆炸压力最大值,泄压导管应延伸至厂房建筑物外部的安全区域;

(4) 泄压导管的设计应符合 GB/T 15605 的要求。

管道系统应设置便于清理管道内粉尘的工作管口。管道处于非清理状态时工作管口应封闭,其接口强度应大于 690 kPa。

连接干式集中除尘器的铝镁制品磨削、打磨、抛光、抛丸喷砂设备的除尘系统管道,在连接干式集中除尘器进风口处应安装隔离阀,且宜设置使除尘器箱体内含氧浓度低于安全浓度限值的化学抑爆装置,在管道连接隔离阀前端位置设置控爆泄压装置,控爆泄压装置泄压口应设在厂房建筑物外部。

2. 风机

应选用防爆型风机,工作时风机及转动轴承的表面温度应低于 70 ℃。

防爆型风机及转动轴承应无积尘。

防爆型风机及叶轮安装紧固,运转正常,不得产生碰撞、摩擦,无异常杂音。

3. 除尘器

除尘器应设置在厂房建筑物外部,不应设置于建筑物屋顶。除尘器距离厂房外墙应大于 10 m,若距离厂房外墙小于规定距离,则厂房外墙应设为非燃烧体防爆墙或在除尘器与厂房外墙之间设置非燃烧体防爆墙,防爆墙设计强度应大于除尘器发生粉尘爆炸的最大爆炸压力。

符合下列规定之一的干式单机独立吸排风除尘器,可单台布置在厂房内的单独房间内,但应采用耐火极限分别不低于 3.00 h 的隔墙和 1.50 h 的楼板与其他部位分隔:

（1）定期清灰的除尘器，且其风量不超过 15000 m³/h，集尘斗的储尘量小于 45 kg。

除尘器的箱体材质应为焊接钢材料，其强度应足以承受集尘发生爆炸无泄放时产生的最大爆炸压力。除尘器的内部钢表面不应使用铝涂料。除尘器内部的零件、部件应安装牢固，不得产生碰撞、摩擦。除尘器应在负压状态下工作。除尘器进风口的风速应能避免因流速降低而导致的粉尘沉降。应设置进出风口风压差监测报警联锁保护装置，当进出风口风压差发生异常时，监测报警装置应发出声、光报警信号，监测报警装置应设在易于观察的位置。除尘器应有良好的气密性，在其额定工作压力下的漏风率应不大于3%。除尘器应按照 GB/T 15605 的要求设置控爆泄压口。除尘器及管道系统应可靠接地。

（2）干式除尘器。

干式除尘器宜采用袋式除尘器并优先采用外滤型式，不得使用静电除尘器。袋式除尘器布袋应是防静电的不燃材料。除尘器应设有灭火用介质管道接口。除尘器应设置温度监测报警联锁保护装置，监测除尘器内部温度的变化。当除尘器内部温度发生异常变化，或高于 70 ℃时，装置应发出声、光报警信号。监测报警装置应设在易于观察的位置。除尘器宜设置抑爆系统。

除尘器清灰装置应符合下列要求：宜采用自动控制清灰系统；袋式除尘器的清灰气源应采用净化后的脱油、除水的气体；袋式除尘器宜采用脉冲喷吹或反吹清灰等强力清灰方式；脉冲喷吹类袋式除尘器宜采用 N_2、CO_2 或其他惰性气体作为清灰气源。采用 N_2、CO_2 或其他惰性气体作为清灰气源时，除尘器及管道应完全密闭，清灰气体应全部经由除尘器排风管道向大气空间排放，在除尘器的外部应设相应的防止人员呼吸缺氧或受毒侵害的防护措施；应设置监测脉冲喷吹类袋式收尘器喷吹压力的监测装置。

设置在厂房建筑物外部的除尘排风管道、除尘器及灰斗（灰池），应有防护措施防止水雾、雨水渗入。除尘器收集的粉尘应每班清理，收集、清理的粉尘应装入专用的容器中，贮存在独立干燥的堆放场所，应采取防止粉尘遇湿自燃的防潮、防水措施。

（3）水湿除尘器。

水湿除尘器的水流量应能完全过滤从管道系统吸入除尘器的粉尘。除尘器的水流量及粉尘沉积池的盛水量应足够避免铝镁粉尘在水中浸泡时产生氢气。除尘器、循环用水管、储水池在冬季应有防止水冻结成冰的功能。应设置监测水量及水压的监测报警装置，当水量、水压低于安全设定值时装置应发出声、光报警信号。监测报警装置应设在易于观察的位置。污水排污管内应有足够的水流量和流速，应能确保污水排污管无粉末沉积、无污物。循环用水的水质应符合工业用水清洁等级。粉尘浆泥应进行无害处理，如采用机械压制成硬砖块状的处理方式。

4.3.4 机械加工设备安全

铝镁制品磨削、打磨、抛丸喷砂、切削危险区,应设置防护罩阻隔粉尘飘散、抛丸喷砂高压溅射、磨削砂轮或切削刀具断裂溅射、熔炉火焰高温等危险伤害。

铝镁制品机械加工所产生的粉尘不允许直接排空,应设置符合 GB/T 16758 要求的吸尘排风罩并与除尘系统连接。用于铝镁粉尘除尘的除尘排风系统应专用,不得将吸排其他烟尘或工业废气的吸排风管道接入专用的铝镁粉尘除尘排风管道。

吸尘排风罩的入风口不得正对铝镁制品加工产生的溅射火花,应采取措施防止溅射火花进入除尘排风管道。

铝镁制品机械加工产生粉尘的设备,金属导体应接地可靠。

铝镁制品机械加工使用的切削液不得选用含有易燃易爆成分的化学剂,以及与铝镁粉尘接触产生氢气的化学液体。切削液的流量及粉尘金属屑沉积池的切削液盛量,应足够避免铝镁粉尘在切削液中浸泡而产生氢气。应设置排风量足够的机械抽排风装置,消除可能产生的氢气积聚。

铝镁制品机械加工产生的粉尘浆泥、铝镁金属屑等应进行无害处理。铝镁制品机械加工设备不应残留有积尘、积水和油污。除尘设备如图 4-5 所示。

图 4-5 除尘设备

4.3.5 作业安全

作业人员应经培训考核合格后方准上岗。应穿着非可燃材质的防静电工装,佩戴防护眼镜、防尘口罩。应检查确认用电设备及工具电气线路绝缘层完好,电气设备可靠接地,防爆电气设备无异常。应检查确认作业岗位、吸尘排风口及排风罩无积尘,除尘设备的灰斗(灰池)、铝镁制品切削加工切削液的沉积池已按时清理,无残留积尘及金属屑。

作业前必须首先开启除尘排风系统,进行安全检查确认:风机运转正常、无异常杂音,除尘排风系统进出风口风压差无异常;袋式除尘器的布袋无破损、无松脱,清灰装置工作正常;水湿除尘设备水压、水量正常,水质清洁;铝镁制品加工切削液的流量及粉尘金属屑沉积池的切削液盛量,应足够避免铝镁粉尘在切削液中浸泡而产生氢气。

作业时必须严格遵守安全操作规程,严禁使用易产生碰撞火花的铁质作业工具。

作业过程中应及时清理作业工位的铝镁粉尘,应注意观察、监测除尘排风管道、除尘器及灰斗发生的异常温升,若发现异常必须立即查明原因并作出处置。

除尘系统异常停机或在除尘系统停运期间和粉尘超标时,严禁作业,并停产撤人。

作业现场禁止动火作业及检维修作业。

作业停机后,除尘排风系统应至少延时 10 min 关机,并进行作业场所粉尘清扫作业:清理作业工位、工具及设备的积尘;清理吸尘排风口、排风罩的尘灰;清理除尘器灰斗、袋式除尘器布袋的粉尘;清理水湿除尘器灰池积聚的残留积尘;清理铝镁制品切削加工的粉尘金属屑沉积池残留的积尘及金属屑;清理作业区电机、电气线路、电气开关、电气插座、照明灯、配电柜(箱)的积尘;清理作业区建筑物墙面、门窗、地面,以及产品半成品和成品上的积尘。

清理尘灰时不得使用压缩空气吹扫。收集、清理的铝镁粉尘应装入专用的容器中,贮存在独立干燥的堆放场所,应采取防止铝镁粉尘遇湿自燃的防潮、防水措施。收集的铝镁粉尘应交由专业的回收单位作无害处置。

4.3.6　事故应急处置

应依照 GB/T 29639 的要求制订生产安全事故应急预案。

应针对铝镁粉尘爆炸事故制订现场处置方案,包括但不限于以下方面:温度监测报警;风压差监测报警;火花探测报警;作业场所粉尘浓度监测异常;抑爆装置启动;控爆泄压装置启动、泄压口开爆;火灾发生;发生粉尘爆炸后二次爆炸的预防;伤员救治。

应组织开展生产安全事故应急演练。

应将生产安全事故应急预案报当地生产安全事故应急管理部门备案,并通报有关应急救援的协作单位。

4.3.7　管理

应建立安全设备设施管理台账,制订检查和维护计划,定期进行检查和维护。应定期全面进行粉尘的清扫,应定期对袋式除尘器的布袋进行更新更换。温度监测报警装置、风压差监测报警装置、火花探测报警装置、火花熄灭装置、水量及水压监测报警装置、粉尘浓度监测装置、防火阀、隔离阀、抑爆装置、控爆泄压装置等安全装置应定期检查、校验和维护,保持正常工作状态。应确保铝镁粉尘除尘系统和铝镁粉尘环境爆炸危险区内的电气设备符合规定的防爆安全要求,应委托有资质的检测机构定期进行检测。生产车间空气中的粉尘浓度应符合 GBZ/T 192.1 的规定,应按照职业健康监护的要求定期检测。应进行铝镁制品机械加工生产过程生产安全事故隐患排查,消除生产安全事故隐患,应建立事故隐患排查治理档案。

下列文件对于维护生产安全是必不可少的:GB 13495《消防安全标志 第 1 部分:标志》、GB 15577《粉尘防爆安全规程》、GB/T 15605《粉尘爆炸泄压指南》、GB/T 16426《粉尘云最大爆炸压力和最大压力上升速率测定方法》、GB/T 16758《排风罩的分类及技术条件》、GB/T 29639《生产经营单位生产安全事故应急预案编制导则》、GB 50016《建筑设计防火规范》、GB 50019《工业建筑供暖通风与空气调节设计规范》、GB 50057《建筑物防雷设计规范》、GB 50058《爆炸危险环境电力装置设计规范》、GB 50140《建筑灭火器配置设计规范》、GBZ/T 192.1《工作场所空气中粉尘测定 第 1 部分:总粉尘浓度》、AQ 3009《危险场所电气防爆安全规范》。

4.3.8 建(构)筑物的布局与结构

铝镁制品磨削、打磨、抛光、抛丸喷砂车间的厂房建筑物不得设立在教育区、住宅、商业区等公共场所附近,不得设置在危房或违章建筑内。

铝镁制品磨削、打磨、抛光、抛丸喷砂车间的厂房建筑物应独立设置;如果铝镁制品磨削、打磨、抛光、抛丸喷砂车间设置在联合厂房内,则应布置在联合厂房的外侧。

铝镁制品磨削、打磨、抛光、抛丸喷砂车间内铝镁粉尘环境爆炸危险区的厂房建筑结构应符合下列要求:

(1)厂房建筑结构强度应能承受粉尘爆炸产生的冲击。

(2)厂房建筑宜采用单层设计,单层建筑的屋顶应采用轻型结构,多层建筑物应采用框架结构,楼层之间隔板的强度能承受爆炸的冲击,应按照 GB 50016、GB/T 15605 的要求在厂房建筑的四周墙体设足够面积的泄压口,如果将窗户或其他开口作为泄压口,应核算并保证在粉尘爆炸时能有效地进行泄压。

(3)铝镁制品的磨削、打磨、抛光、抛丸喷砂车间应与其他加工方式的车间隔离设置。若磨削、打磨、抛光、抛丸喷砂车间与其他加工方式的车间处在厂房内,则应设立耐火极限不低于 3.00 h 的非燃烧体防爆墙,磨削、打磨、抛光、抛丸喷砂车间应与其他加工方式的车间完全隔离,防爆墙强度应能承受粉尘爆炸产生的冲击。

（4）厂房内建筑物的梁、支架、墙等表面结构应便于清扫粉尘。

（5）厂房内应设 2 处以上独立的位于不同方位的逃生安全出口和安全通道,厂房的门(包括厂房内车间的门)应向疏散逃生的方向开启,厂房内任意一点至安全出口和安全通道之间的安全距离应符合 GB 50016 的规定。

（6）厂房内的地面应无积尘、积水、污垢、油污,且应有防滑措施。

（7）厂区及厂房内的安全通道和安全出口应保证畅通,严禁堆放或摆放包括易燃易爆物品在内的任何物品。

（8）厂区内行政辅助区与生产区之间应设置隔离带,厂房内不得设置员工宿舍、厨房、浴室等生活场所及设施。铝镁粉尘环境爆炸危险区厂房内不得设置仓库、办公室、休息室。

（9）铝镁粉尘环境爆炸危险区厂房内禁止设置危险化学品仓库。

4.4　典型案例分析

4.4.1　具体案例

2014 年 8 月 2 日江苏昆山某工厂爆炸致 75 人死亡,爆炸系因粉尘遇到明火引发安全事故。

2014 年 8 月 2 日上午,江苏昆山市某公司汽车轮毂抛光车间在生产过程中发生爆炸,共造成 146 人死亡、114 人受伤。事故原因:事故车间除尘系统较长时间未按规定清理,铝粉尘集聚,形成粉尘云。除尘器集尘桶锈蚀破损,桶内铝粉受潮,发生氧化放热反应,引发除尘系统及车间的系列爆炸。发生粉尘爆炸的时候,燃烧的粒子飞散,飞到可燃物或人体上,会使可燃物局部严重碳化或人体严重燃烧,从而造成严重的伤亡事故。

2016 年 4 月 29 日,广东省深圳市某五金加工厂发生铝粉尘爆炸事故。截至 5 月 6 日,已造成 4 人死亡、6 人受伤,其中 5 人严重烧伤。事故单位主要从事自行车铝合金配件抛光业务,未按标准规范设置除尘系统,采用轴流风机经矩形砖槽除尘风道,将抛光铝粉尘正压吹送至室外的沉淀池。事故暴露以下问题:一是事故单位无视《严防企业粉尘爆炸五条规定》等要求,违法违规组织生产,未及时规范清理除尘风道和作业场所积尘,除尘风机、风道未采取防火防爆措施。二是政府对防范粉尘爆炸的重要性认识不到位,没有将粉尘防爆专项整治列入防范重特大事故的重要内容,对基础情况掌握不够准确,对培训工作不重视,执法力度较弱。

2018 年某大学市政与环境工程实验室发生爆炸燃烧,事故造成 3 人死亡。事故原因:在使用搅拌机对镁粉和磷酸搅拌过程中,料斗内产生的氢气被搅拌机转轴处金属摩擦、碰撞产生的火花点燃爆炸,继而引发镁粉粉尘云爆炸,爆炸引起周边镁粉和其他可燃物燃烧,造成现场 3 名学生死亡。事故调查组同时认定,该大学有关人员违规开展试验、冒险作业,违规购买、违法储存危险化学品,对实验室和科研项目安全管理不到位。

2019 年 5 月 24 日,东莞市某公司拉丝车间发生一起粉尘燃爆安全事故,事故共造成 2 人受伤,直接经济损失为人民币 57.7 万元。事故经过:该车间正在进行生产作业,车间外除尘系统风机叶轮、机壳、转轴上积累了大量的铝合金粉尘,风机内铝粉的堆积导致叶轮与机壳之间的间隙减小,产生机械摩擦,机械摩擦产生高温或火星点燃了粉尘,并通过气流进入风机后端的方形管路和旋风除尘器,导致除尘系统及风管内的粉尘发生燃烧。

2019 年 7 月 12 日,无锡市某公司租赁的一个车间发生燃爆事故,造成 1 人死亡、1 人受伤。事故直接原因:某工人独自在生产车间西侧隔间内作业,引起粉尘爆炸,因车间地面及设备上积尘较多,且中部隔间内存放了较多铜铝合金粉,从而再次引发爆炸,造成 1 人死亡、1 人受伤。该公司对事故车间的生产及管理工作长期缺乏监管,未将事故车间纳入本公司进行统一的安全管理,未制订相应的安全管理制度和操作规程,未采取有效措施确保现场安全生产条件,导致作业现场金属粉积尘严重,且现场未采用防爆和隔爆电气装置,工艺设备设施未设置符合规定的导除静电装置。

2021 年 12 月 29 日,台湾某公司发生粉尘爆炸,造成 7 名员工受伤送医,其中 1 人死亡、6 人受伤。事故地点为该公司 8 号棚厂钳工作业区的集尘区。起火燃烧的物品是铝合金与粉尘。

2022 年 4 月 20 日,某大学材料科学与工程学院发生一起实验室铝粉爆燃事故,一名博士研究生受伤。26 日,医院工作人员透露,该病例全身 60% 烧伤,右眼球或不保。

4.4.2　金属粉尘爆炸预防措施

要从粉尘爆炸必不可少的三要素(空气、粉尘云、点火源)等入手,预防金属粉尘爆炸。

(1) 将生产铝镁粉的装置、容器、管道等尽量做成密闭系统,使用氮气等惰性气体进行保护,避免粉碎后具有新鲜表面的粉粒与氧气发生急剧反应而导致自燃或爆炸。利用氧气表对生产粉末的系统进行氧气含量检测,定期对系统的氧气浓度进行分析等,以保证系统的安全。

(2) 消除点火源。使用防爆的电气设备;防止静电蓄积;使加热器等保持低温;防止机械,特别是传动部分,由于摩擦、撞击、故障等而产生火花或异常的高温;使用有色金属工具以防止产生摩擦火花或撞击火花。

（3）在危险部位设置自动的烟感器或爆炸抑制装置，万一发生燃烧爆炸，可早期检知，早期抑制。

（4）为避免设备、管道、容器等在发生爆炸时受到严重破坏，应设置泄压孔。这个方法简便易行，但因在出事故时火焰、烟、未燃粉尘从泄压孔大量涌出，即使设备等未遭破坏，其周围也会受到相当大的损害。因此要慎重选择泄压孔位置，采取避免损害扩大的措施。

（5）可以加大设备本身的强度或设置防爆墙，把爆炸封在里面，防止放出火焰和烟伤及其他建筑物、人员或设备。

（6）要防止积尘：一是除尘设备的处理风量必须略大于其配套主机所有机台排风机的风量总和，使输出管网系统在运行时处于负压状态；二是建筑物穿管处应密封，防止积尘二次飞扬。

（7）爆炸危险区厂房严禁与其他厂房设在同一建筑物内，宜建成无地下室的一层建筑，采用轻质屋顶和钢瓦结构，增加窗户等泄压面积。

（8）将除尘器设在同一建筑物外面。特别注意，易燃粉尘不能用电除尘器，金属粉尘不能用湿式除尘设备。除尘器应设静电接地等。

（9）车间各部位应平滑，尽量避免设置一些其他无关设施。管线等尽量不要穿越粉尘车间，宜在墙内敷设，防止粉尘积聚。

（10）严格控制点火源。对于需要粉碎的物质必须经过严格筛选、去石和吸铁，以免杂质进入粉碎机内产生火花。易燃粉尘场所的电气设备应严格按照《爆炸危险环境电力装置设计规范》进行设计、安装，达到整体防爆要求，使用不易产生静电、撞击不产生火花的材料，并采取静电接地保护措施。

（11）对铝镁粉尘发生的火灾禁止用水扑救，可以用干沙、石灰等（不可冲击）。对于面积大、距离长的铝镁粉尘火灾，要注意采取有效的分割措施，防止火势沿沉积粉尘蔓延或引发连锁爆炸。

习　题

1.（判断题）大学计算机实验室（机房）内不得存放易燃、易爆及多粉尘物品，不可在内用餐，也不可堆放私人物品。（　　）

2.（判断题）在有爆炸和火灾危险的场所使用手持式或移动式电动工具时，必须采用有防爆措施的电动工具。（　　）

3.(判断题)在潮湿、高温或有导电灰尘的场所,实验时应该降低电压供电。（　　）

4.使用干粉灭火器灭火时,应将灭火器的喷嘴对准（　　）。

A.火苗根部　　　　B.火苗中部　　　　C.火苗顶部

5.下列粉尘中,哪种粉尘可能会发生爆炸?（　　）

A.生石灰　　　　B.面粉　　　　C.水泥　　　　D.钛白粉

6.可燃性粉尘发生爆炸的条件有哪些?（　　）

A.微粉状态　　　B.在空气(或助燃气体)中搅拌,悬浮式流动

C.达到爆炸极限　　D.存在点火源　　E.空间受限

7.粉尘爆炸具有哪些特点?（　　）

A.具有二次爆炸的可能。粉尘初始爆炸的气浪可能将沉积的粉尘扬起,形成爆炸性尘云,在新的空间再次产生爆炸,这称为二次爆炸。这种连续爆炸会造成严重的破坏

B.粉尘燃烧比气体燃烧复杂,因此粉尘爆炸感应期长,达数十秒,为气体的数十倍

C.粉尘爆炸的起始能量大,是气体爆炸的近百倍

D.发生爆炸的时候,燃烧的粒子飞散,如果飞到可燃物或人体上,会使可燃物局部严重碳化或人体严重烧伤

E.粉尘爆炸可能产生两种有毒气体:一种是一氧化碳,另一种是爆炸物质(如塑料等)自身分解产生的毒性气体

8.料仓动火作业前,应（　　）,清除仓内积尘。

A.排空仓内剩余物料

B.用湿麻袋覆盖残留的物料

C.用压缩空气吹扫料仓壁,等待无浮尘时再动火作业

D.用非铁质的锤敲打仓壁震落粉尘

9.存在金属类粉尘爆炸危险的生产场所所有电气设备必须采用（　　）电气设备。

A.普通　　　　B.安全电压　　　　C.防爆

10.粉尘爆炸危险场所检修时应使用（　　）工具,不应敲击各金属部件。

A.绝缘　　　　B.防爆　　　　C.普通

第5章 实验室安全规定及事故处理

5.1 实验室安全管理规定

5.1.1 消防安全管理规定

（1）各实验室应严格遵守消防法律、法规和规章，贯彻"预防为主、防消结合"的方针，履行消防安全职责。

（2）各实验室应按照"谁主管，谁负责""谁使用，谁负责"的原则，落实逐级消防安全责任制和岗位消防安全责任制，确定各级、各岗位消防安全责任人，明确职责，实行消防安全责任追究制。

（3）学院定期开展消防安全教育和培训，加强消防演练，提高全院师生员工的消防安全意识，学习自救逃生技能。

（4）全院师生员工应依法履行保护消防设施、预防火灾、报告火警和扑救初起火灾等维护消防安全的义务。

（5）学院消防安全管理工作领导小组履行对本院所有实验室消防安全工作的管理职责，履行对本院的消防安全工作进行检查、指导和监督的职责。

（6）学院消防、实验室安全管理工作领导小组组长，是学院消防安全责任人，全面负责本单位的消防安全工作。成员由学院班子成员和系（中心）负责人组成，在自己所属分管工作范围内，对消防工作负有领导、监督、检查、教育和管理职责。

（7）学院学工组、研工组对于学生宿舍管理人员，应履行下列安全管理职责：

① 建立由学生参加的志愿消防组织，定期进行消防演练；

② 加强学生宿舍用火、用电安全教育与检查；

③ 加强防火巡查，发现火灾立即组织扑救和疏散学生。

（8）学院实验室所在楼栋的物业服务企业应在其管理区域内依照服务合同履行相应的消防安全职责。

① 物业服务企业对占用、堵塞、封闭疏散通道、安全出口、消防车通道等违反消防安全规定的行为,应予以劝阻、制止;

② 对不听劝阻的,应及时向学院消防安全管理工作领导小组、学校保卫处或者公安派出所报告。

(9) 学院消防安全重点部位应保障疏散通道、安全出口、消防车通道畅通,消防设施、器材要有专人负责管理、定期检查。

(10) 学院部分实验室房屋陈旧,存在不同程度线路老化与过载的火灾隐患,责任单位须制订可行的灭火和应急疏散预案。

(11) 学院成立义务消防队,义务消防队队长由系(中心位)安全责任人担任,义务消防队员可由各单位身体健康、责任心强的师生担任。

(12) 针对特种情况采取正确的火灾扑救方式,比如扑救电气火灾,应先断电后灭火,不能直接用水灭火。义务消防队员在发生火灾后必须冷静清醒地针对不同场所、不同物质燃烧发生的火灾,采取不同的灭火措施。

(13) 防火重点部位应针对假设部位绘制灭火进攻和疏散路线平面图。平面图比例应正确,设备、物品、疏散通道、安全出口、灭火设施和器材分布位置应标注准确,假设部位及周围场所的名称应与实际相符。灭火进攻的方向,灭火装备停放位置,消防水源,物资、人员疏散路线,物资放置、人员停留地点以及指挥员位置,在图中应标识明确。

(14) 学院须及时添置、更换或维修消防器材,确保消防设施、设备完好无缺。

(15) 注意安全,加强防范。火灾扑救中人员有中毒、触电、滑倒、跌落、炸伤等可能,火灾现场也常有倒塌等现象。预案中应将灭火人员的安全注意事项及防范措施填写清楚,以加强安全防范,保障灭火人员安全。

(16) 一旦发生火灾,各单位责任人应立即组织人员施救,启动预案并迅速报警(119火警);通知学院总指挥根据火情调配人员及防火器材。

(17) 火灾扑灭后,安全责任人必须配合有关部门实事求是地开展调查,协助完成事故调查报告,向有关部门汇报。事故责任由主管部门裁定。

(18) 学院消防、实验室安全管理工作领导小组每月至少进行一次消防安全检查,检查内容包括:

① 火灾隐患和隐患整改情况以及防范措施的落实情况;

② 安全出口、疏散通道、消防车通道是否畅通,安全疏散指示标志、应急照明是否完好;

③ 消防设施、消防器材、消防水源是否在位、完整;

④ 消防安全标志设置是否完好、有效;

⑤ 用火、用电有无违章情况；

⑥ 重点工种人员以及其他员工消防知识掌握情况；

⑦ 消防安全重点单位（部位）管理情况；

⑧ 易燃易爆危险物品和场所防火防爆措施落实情况以及其他重要物资防火安全情况；

⑨ 消防（控制室）值班情况和设施、设备运行及记录情况；

⑩ 防火巡查落实及记录情况。

（19）对以下违反消防安全规定的行为，检查、巡查人员应责成有关人员改正并督促落实：

① 消防设施、器材或消防安全标志的配置、设置不符合国家标准、行业标准，或未保持完好有效的；

② 损坏、挪用或擅自拆除、停用消防设施和器材的；

③ 占用、堵塞、封闭消防通道和安全出口的；

④ 埋压、圈占、遮挡消火栓或占用防火间距的；

⑤ 占用、堵塞、封闭消防车通道，妨碍消防车通行的；

⑥ 人员密集场所在门窗上设置影响逃生和灭火救援障碍物的；

⑦ 常闭式防火门处于开启状态，防火卷帘下堆放物品影响使用的；

⑧ 违章进入易燃易爆危险物品生产、储存等场所的；

⑨ 违章使用明火作业或在具有火灾、爆炸危险的场所吸烟、使用明火等违反禁令的。

（20）对不能及时消除的火灾隐患，实验室负责人应提出整改方案，确定整改措施、期限以及负责人员，并落实整改资金。

（21）对火灾隐患尚未消除的，应落实防范措施，保障消防安全，对于随时可能引发火灾或一旦发生火灾将严重危及人身安全的危险部位，应停止使用并加强整改。

（22）火灾隐患整改完毕，整改实验室应将整改情况记录报送消防安全管理人，签字确认后存档备查，并上报消防学校安全管理办公室备案。

（23）定期对全体师生员工进行消防安全教育和培训工作，主要内容包括：

① 国家消防工作方针、政策，消防法律、法规；

② 针对学院的火灾危险性、火灾预防知识和措施；

③ 有关消防设施的性能、灭火器材的使用方法；

④ 报火警、扑救初起火灾和自救技能；

⑤ 组织和引导在场人员疏散的方法；

⑥ 每年至少组织一次防火安全常识的模拟演练及消防演练；

⑦ 每年至少组织一次消防安全专题讲座；

⑧ 每年组织新上岗人员和新进学生进行一次消防安全培训。

5.1.2 实验室安全管理办法

（1）实验室是开展科学研究和实验教学的重要场所，为保障师生员工的人身安全，维持科研与教学等工作的正常秩序，促进学院可持续发展，根据国家、地方有关法律法规和文件精神，结合学校、学院实际情况，制订本办法。

（2）学院所属实验室要切实加强实验室安全管理工作。遵循"以人为本，安全第一，预防为主，综合治理"以及"谁购置、谁负责；谁使用、谁负责；谁保管，谁负责；谁主管，谁负责"的原则，明确安全职责，将安全责任落到实处，落实到每个人。

（3）学院各单位及实验室须定期组织安全教育与宣传工作，加强安全标识与警示语、提示语的使用，培养师生良好的安全意识和实验操作习惯，提高师生个人防护以及事故救助能力。

（4）学院领导是学院实验室安全工作的第一责任人，对学院实验室安全管理负领导责任。

学院应定期研究讨论、协调解决实验室安全相关问题，确认实验室安全事故责任并提出处理意见。

① 根据相关规定负责各项规章制度的实施，确保实验室安全责任落实到每个人。

② 组织制订、修改并审议各项实验室安全工作规章制度、责任体系和应急预案，发布或授权发布各项规章制度、决定和通知等。

③ 督查和协调解决实验室安全工作中的重要事项，负责紧急情况下的指挥、疏散、救援和安抚等工作。

④ 协助（系、中心）及实验室制订科学适用、规范细化的实验操作技术规程和实验室安全手册，以及安全管理制度、实施办法、细则等，从制度上督促师生养成良好的安全与防护意识，确保实验室安全。

⑤ 为师生提供安全管理方面的专业知识培训、咨询、建议和技术支持等服务。组织落实实验室安全管理工作的开展。定期与不定期组织，或配合学校有关部门，对实验室的安全情况进行检查，督促安全隐患的整改。

⑥ 完成例行的实验室安全管理工作，协助实设处对危险化学品废弃物的收集处置、辐射安全管理、生物安全管理、特种设备的年检管理、易制毒化学品和管控药品的申购。

（5）各（系、中心）分管安全领导负责实验室安全管理工作的组织与落实，其职责包括：

①　明确实验室的分级管理人员及其岗位职责,签订相应的安全管理责任书。

②　向学院安全工作领导小组反映实验室安全建设需求,落实实验室安全保障措施。

③　监督各实验室的安全管理,组织定期与不定期的安全检查,监督隐患整改工作的落实。

（6）实验室的负责人是实验室的安全责任人,其职责包括:

①　全面负责实验室的安全工作,将安全责任落实到人,并签订相应的安全责任书(包括学生)。

②　结合实验室情况,完善本实验室的管理制度、操作规程、安全手册、应急预案、实验室准入及值班制度等。

③　组织和督促相关人员做好实验室安全工作,配备必要的安全防护设施和个人防护装备。

④　定期组织安全检查,并落实安全隐患的整改工作。

⑤　根据上级管理部门的有关通知,做好安全管理信息的汇总与上报等工作,将实验室及周边存在的安全问题及时向单位或管理部门反映。

（7）每位实验用房使用者(教职工)是本房间的直接安全责任人,负责做好本实验用房安全设施的管理工作,其职责包括:

①　做好本实验用房日常的安全管理工作。

②　结合实验项目的安全要求,负责健全本实验用房的相关安全规章制度,落实值班制度。

③　做好本实验用房内的物品管理台账,包括设备、危险化学品、放射源、剧毒品、易制毒化学品及其他管控化学品、高压气瓶等的管理台账。

④　严格执行实验室安全准入制度,根据实验危险等级情况,负责对本实验用房工作人员进行安全、环保教育和培训,尤其是涉及危险性较高的实验,对临时进入实验室人员尽告知义务,告知相关的注意事项和安全防护与应急措施。

⑤　做好实验室安全自查工作,并做好自查记录,对于实验室及周边存在的问题应及时向学院反映。

（8）进入实验室的所有人员均对实验室安全、自身安全以及环境保护负有责任。

（9）临时来访人员必须对自身安全负责,必须遵循学校、学院及实验室的各项管理制度,未经允许不得私自进入实验室,不得触摸或私自带走实验室内物品。对于危险区域,外来人员未经允许不得靠近和停留。

（10）实验室安全管理工作包括安全知识培训与实验室准入、安全管理制度与操作规程的制订与完善、项目安全评价与审批、实验室建设与内务安全管理、水电安全管理、危险化学品及管控化学品的安全管理、生物安全管理、辐射安全管理、实验室废弃物管理、仪器设备安全管理、机电及特种设备安全管理、安全设施管理、安全隐患排查与整改、紧急预案与救助以及环境保护等多方面的工作。

（11）各实验室要切实落实实验室准入制度。根据学科和实验室的特点,加强师生员工和外来人员的安全教育。对于有危险物品的实验室,负责人还必须安排新进人员进行实际操作训练和指导,待确认新进人员可以自行正确操作时方可让其独立操作。

（12）各实验室对存在安全隐患的实验项目进行风险评价,尤其是对涉及危险化学品、电子辐射、特种设备等具有安全隐患的实验项目,要从环境影响、人员健康、安全防护设备与设施、实验室资质、实验人员资格认证等方面进行严格的评价、审批和监管,危险级别较高的项目须上报学校安全管理委员会备案或获得批准后方可进行。

（13）各实验室要建立健全的实验室建设与改造的安全审批制度。

① 各课题组在进行实验室改造时,必须考虑实验室的防护功能是否满足实验安全需求,详细说明安全因素及相应的配套设施建设,对于涉及危险化学品、生物、辐射等方面的实验室的改造,必须经学校安全管理委员会审批同意后才能实施。

② 实验室使用者和设计者、建设者之间必须加强交流沟通,严格按照国家有关安全和环保的规范要求设计、施工;设计方应提供相应的数据,施工方应提供相应的施工图纸、使用材质、竣工图和其他相关资料。

③ 项目验收时,须有相关管理部门、使用单位负责人以及相关人员、设计方以及施工方联合参与验收,形成书面验收报告。只有在验收合格、管理与维护单位的责任明确、相关的交接工作完成后实验室方可投入使用。

（14）各实验室必须加强危险化学品的安全管理。

① 使用易燃品、易爆品、自燃品、有毒害品、腐蚀品等危险化学品以及高压气瓶时,各实验室应按照国家法律法规以及学校的相关规定,规范购买、运输、存贮、使用、生产、销毁和处置废弃物,确保各个环节安全与合法。

② 加强剧毒品等管控药品的管理,落实专人负责,建立购买、使用、保管及销毁处置台账。发生剧毒品等管控药品丢失、被盗、被抢或流入非法渠道时,以及发现非法购买和使用剧毒品等管控药品时,须及时与校保卫处联系。剧毒品等管控药品必须严格遵守"双人双锁,双人保管、双人领取、双人使用,双人记录"原则。单位和个人必须加强购买许可证的管理,遵守国家相关规定,严禁转卖、转让给其他单位和个人,严禁私自转借他人。

③ 涉及危险化学品的实验室必须备有所用化学品的安全技术说明书,制订相应的应急措施,配备必要的个人防护装备、洗眼装置、紧急冲淋器,以及应急设施或装备。

④ 在不影响实验结果的情况下,师生应尽量使用低毒害的化学品代替高毒害的化学品,最大限度地减少剧毒、致癌、强腐蚀性和强刺激性化学品的使用。

⑤ 实验人员必须谨慎操作。实验开始前要做好充分的准备工作,了解化学品物理化学特性、对人体和环境的危害性以及应急措施;实验中操作要尽量安排在通风橱内进行,在严格遵守操作规程的同时,做好必要的个人安全防护,确保实验过程中人员和环境的安全,严防实验事故的发生;实验后要做好化学品的清理与收存工作。

(15)各实验室要加强辐射安全与防护管理。

① 涉及放射源或射线装置的单位必须按照国家法规和学校的相关规定,加强辐射场所的安全设施建设,加强射线装置和放射源的采购、保管、使用、备案等管理,规范放射源废弃物的处置。

② 实验室应为放射工作人员提供必备的防护设备与设施;放射工作人员须参加辐射安全与防护知识培训,定期参加职业健康体检。

(16)各实验室要加强特种设备的安全管理。

① 特种设备在投入使用前按规定向政府特种设备安全监督管理部门登记,取得"特种设备使用登记证"后方可投入使用。

② 使用单位应制订相应的管理制度和安全操作规程,重视作业人员的安全知识和专业技能的培训。

③ 特种设备安装、改造、维修应由厂家或委托取得资质的单位施行,使用单位应做好特种设备的安全技术档案和安全检查记录。

④ 特种设备的使用应严格按照国家相关法律法规及操作说明进行,确保设备的使用安全。在作业过程中发现事故隐患或者其他不安全因素时,作业人员应采取有效的安全措施,并立即向现场安全管理人员和单位有关负责人报告。

⑤ 如果特种设备存在严重事故隐患,无改造、维修价值,或者超过安全技术规范规定使用年限,应及时予以报废处理。

(17)各实验室要加强仪器设备及设施的安全管理。

① 实验室要规范仪器设备的管理,科学使用。管理责任必须落实到人,使用人员必须经过相应的培训,获得操作资格。

② 定期维护和保养各种仪器设备及配套设施,定期检查安全设施,并做好相应的记录,对有故障的仪器设备及设施要及时安排检修,并挂牌明示禁用。

③ 由于热能设备、高压设备、辐射装置、高速运转的设备、激光设备、特种设备、非防爆冰箱等存在较大的安全隐患,实验室应就设备设施的工作状态、操作人员的上岗培训、使用环境、安全保障等方面严加管理,确保安全使用。

④ 热能设备周围要留有一定的散热空间,严禁堆放易燃易爆物品、高压气瓶及杂物,实验室要保持良好的通风。热能设备尤其是温控部分必须定期进行严格检查,如果已损坏严重并失去维修和使用价值,或超过使用年限,应及时报废。

⑤ 对精密仪器、贵重设备、大功率仪器设备、使用强电的仪器设备要保证安全接地,有必要的应配备不间断电源,并采取严密的安全防范措施。

⑥ 加强设备与设施的年检与报废管理。需要年检的设备,如通风橱、生物安全柜、压力容器等,应及时安排年检;超期服役并失去维修和使用价值的设备应及时报废,消除安全隐患。

(18) 各实验室水电与消防安全管理。

① 实验室不得私自改装水路,需要改装的,应上报审批存档。

② 实验室应定期检查上下水管路以及连接的管线,避免因管路老化、堵塞等引发安全事故。严禁实验室的自来水龙头打开而无人监管;如遇停水,必须关闭所有水龙头。

③ 水路管道附近不应存放遇湿易燃物品,不应有电源插座或接线板。

④ 实验室应规范用电,不得超负荷用电,不得私自拆装、改线,不得乱接、乱拉电线,不得使用质量低劣的电线、开关、接线板、电气产品等。接入实验室的电源应经空气开关,并配备必要的漏电保护器。电气设备和大型仪器须接地良好,要定期排查电线老化、裸露等隐患。实验室确实需要使用接线板的,必须购置合格产品,使用时不得级联;接线板要定期检查、定期更换。

⑤ 除非工作需要,仪器设备、电器不得在无人情况下开机过夜;如确属工作需要,实验室应有必要的安全保护措施并告知值班人员。在无人值守的房间内电热器、电热板、充电器、饮水机等一律不得过夜使用。

⑥ 所有热能设备工作时,实验室必须安排人员不间断值守。

⑦ 有易燃易爆化学品的实验室不得使用明火电炉,也不得使用产生电弧的设备,如确因工作需要且无法用其他设备替代,必须做好安全防范措施并谨慎操作。

⑧ 电源开关、插座、接线板附近不得存放易燃易爆物品。

⑨ 有易燃物的实验室内应配备相应的报警设施(如烟雾探测报警器)以及消防设备(如灭火器、灭火毯、室内消防喷淋设备等),并保持消防通道畅通。

⑩ 各实验室要加强实验室必备的安全基础设施的建设。根据潜在的安全隐患,配置必要的安全设施,如通风设施、生物安全柜、消防设施、报警装置、监控与门禁系统、应急喷淋与洗眼装置、急救箱等,并配备必要的个人防护装备。实验室应定期对这些设施进行必要的检查、更新、维护和检修工作,并做好相关记录。

(19) 各实验室要加强师生员工的职业健康与安全防护管理。

① 要重视师生员工的健康与防护工作,告知实验中可能存在的安全隐患和健康危害,组织师生参加安全知识及个人防护培训,落实有效的安全防范和劳动保护措施。

② 应根据实验室涉及的危害种类和预防措施,采取有效的办法进行统一管理,尤其要加强涉及危险化学品和病原微生物的实验室的通风系统建设,避免危害群体安全与健康事件的发生。

③ 要根据实际情况,配备必要的安全防护设备、设施和个人防护装备,督查实验人员做好个人健康与防护工作。实验人员在了解实验中可能存在的健康危害后,必须自觉采取必要的个人防护措施。

④ 在进行安全隐患较大的实验时,如涉及危险化学品、病原微生物、粉尘、机械加工等实验,实验人员必须束起长发,穿长袖工作服,戴防护手套,穿不露脚趾的鞋,必要时还应戴防护镜和口罩。

⑤ 不得安排孕期、哺乳期的女性从事对其本人和胎儿、婴儿有危害的工作,对有职业禁忌的应及时调整工作岗位。

(20) 各实验室要加强实验室的内务管理。

① 各单位应加强实验室钥匙的管理,实验人员不得私自配置钥匙或借给未经授权的人员使用;重点区域应使用电子门禁系统,对各类人员授权进入。各单位或各实验大楼必须保留一套所有房间的备用钥匙,并由专人负责,以备紧急之需。

② 实验室必须落实安全责任人,实验室内必须粘贴相关的安全警示标识。实验室门上应粘贴门牌,标明实验室名称、责任人、准入要求、防护要求、联系电话等信息,便于督查和联系。

③ 实验进行期间,实验室必须有人值守。确实需要暂时离开时,必须安排妥当,严防因无人值守导致实验事故的扩大或财物被盗事件的发生。

④ 严禁在实验室吸烟、饮食,严禁在实验室内打闹,不得在实验室内留宿和进行娱乐活动等。

⑤ 实验结束后要关闭仪器设备,清理实验室台面和实验室。实验材料和废弃物要分类,规范收存或处理相关物品,剧毒品等管控物品的管理要严格按照相关规定进行。

⑥ 离开实验室前,必须自查实验室安全状况,关闭水阀、门窗、仪器设备,换下工作服,洗净双手,切断电源,做好当天实验室安全记录,锁门离开。

(21) 各实验室要加强实验室污染源的控制及有害废弃物的管理。

① 应加强污染源的控制和管理,在实验室的新建、改建和扩建的设计和施工过程中,应结合实验室的用途和功能,配置相应的污染控制设施。

② 为了减少污染源的排放和有害废弃物的产生,实验室应尽可能地改进实验方法,

采用无毒害或低毒害的化学品和病原微生物。

③ 实验室废弃物包括实验室内产生的危险化学品废弃物、有害废气、放射性废弃物、生物感染性废弃物等。课题组应上报学院协调实验室与设备管理处联系有资质的公司处置危险废弃物。

④ 各单位要根据国家的法律法规和学校的规定,要求各实验室对有害废弃物实行分类丢弃,定点定时收集,集中处置。严禁将有害废弃物直接倒入下水道或混入生活垃圾当中,严禁私自掩埋或随意丢弃。

⑤ 实验室内须保持良好的通风,及时从楼顶排出产生的有害废气,如果有害气体浓度超过国家标准,应先进行净化处理后再从楼顶排出,避免有害气体对周围群众和环境造成危害。

⑥ 生物实验室必须加强感染废弃物的消毒灭菌和无害化处理。应安排好收集存放地点,落实好负责人,实验室要严格按照要求将含有感染性病原微生物的废弃物先做无害化处理后再分类丢弃。严防因乱丢生物垃圾引发感染性公众事件。

(22)各实验室要加强实验室的安全检查和整改工作。

① 单位及实验室应根据实验室的具体情况,制订周详的安全检查表,内容包括一般安全、实验技术安全、实验设备及设施、个人防护与演练、废弃物的处理,以及安全培训等方面。

② 实验室每日都要进行日常的安全检查;学院在重要节假日前开展定期以及不定期的安全大检查,全面排查隐患;安全管理队伍对实验室进行常态化的安全监督检查,检查人员应做好检查记录。

③ 安全检查人员对发现的问题和隐患进行分析和总结,制订整改措施,明确整改负责人和整改期限,落实整改资金来源。实验室必须积极配合整改。

④ 每次安全大检查后,应将检查结果形成报告,学校组织检查的须报送实验室与设备管理处备案。如果安全隐患较严重或需要单位、学校配合,要及时上报所在单位和学校管理部门。任何单位和个人不得隐瞒不报或拖延上报安全隐患。

(23)实验室内发生意外事故时,应立即启动应急预案,组织人员疏散,保护现场,并及时报告保卫处和实验室与设备管理处,如国家法律法规有规定的,还应立即向政府相关部门汇报。事故所在单位和相关人员应详细汇报事故原因,交保卫处及实验室与设备管理处,并配合相关调查和处理。

5.1.3　危险化学品安全管理制度

(1)为进一步加强学院危险化学品的安全管理,根据《危险化学品安全管理条例》《中华人民共和国职业病防治法》《中华人民共和国大气防治法》及《中华人民共和国固体废物污染环境防治法》等有关规定,结合学院实际情况,特制订本制度。

（2）本制度适用于危险化学品的采购、存储、使用、运输、处置以及相关的安全监督等管理活动。

（3）危险化学品的安全管理要贯彻"以人为本,安全第一,预防为主,综合治理"的原则,落实"四个负责制",即"谁购买,谁负责;谁保管,谁负责;谁使用,谁负责;谁管理,谁负责",将安全责任落实到涉及危险化学品的每个环节中的每个人。

（4）各实验室和个人不得私自接收、转让、赠送、买卖危险化学品,不得非法购买和使用国家管控的危险化学品。

（5）危险化学品的采购应严格按照国家、地方和学校的有关规定,管控化学品如剧毒化学品、易制毒化学品、易制爆化学品、精神药品和麻醉药品、含放射源的化学品等的采购必须取得合法的购买许可证,并只能从有资质的供应商处购买,严禁非法购买、非法转让和非法使用危险化学品。

（6）购买危险化学品的实验室应向学院申请购买。经学院安全管理员及学院安全分管领导签字盖章后,再交由设备处审核备案方可购买。

（7）安全管理员将对所购入的危险化学品进行登记、统计和查处工作,落实实际使用人员和使用数量,落实安保措施和废弃物的处理办法。

（8）使用危险化学品的实验室要落实使用和管理责任,严防管控危险化学品丢失、被盗、私藏、挪用及其他非法使用行为发生,做好防火、防爆、防毒、防灼伤等预防措施。

（9）使用危险化学品进行实验前,实验人员要熟知危险化学品的物理化学性质与特性、毒理性能和防护要求,在实验中做到严格遵守相关操作规程,如实做好实验记录,避免化学性质相反的物质相互接触,造成燃烧或爆炸事故。实验结束后应做好药品使用记录,做好实验室和个人清理工作。

（10）学生使用剧毒化学品时,必须有教师带领,临时及外来人员不得接触剧毒化学品,使用剧毒品的实验室必须严格控制人员出入。

（11）产生有毒气体的实验必须在通风橱内进行,实验人员要按规定做好个人防护,如穿着防护工作服,佩戴防护镜、防毒口罩或防毒面具等。

（12）有机溶剂能穿过皮肤进入人体,强酸、强碱、强氧化剂、溴、磷、钠、钾、苯酚、醋酸等物质都会灼伤皮肤。为减少危险化学品对健康的危害,在实验中师生应加强个人保护,利用防护设施和设备保护好皮肤、眼睛、头面部、躯体、手足及呼吸道,防止皮肤沾染危险化学品,尤其防止危险化学品溅入眼中。

（13）有毒物质能以蒸气或微粒状态从呼吸道被吸入,或以水溶液状态从消化道进入人体,还可被皮肤或黏膜等部位吸收,即使少量也能造成很大的危害,因此在使用有毒害的物质时必须做好个人防护,并检查应急设施和措施的有效性,严格按照操作规范进行实验。

（14）化学物品、化学试剂、易燃易爆物品按安全等级严格分类,由专人管理,各实验室安全责任人要定期督察。

（15）危险化学品应分类存放在专用储存柜里,存储柜要贴有分类标签。严禁将相互发生反应的化学品混放;严禁将危险化学品存放在走廊、过道或随意摆放或处于无人管理状态。

（16）易燃易爆化学品要远离火源、热源、电源和静电,避高温和阳光照射。易燃易爆、剧毒品等管控物品应存放在具有防爆、阻燃、通风、耐腐蚀、防盗特性的专用药品柜中。

（17）存放化学品的容器必须密闭严实,防止倾倒和撒溢。容器上应贴有标签、警示标识和警示语,标明名称、批号、购入/开封日期。不明成分及过期化学品及其容器要及时清理处置,不得擅自使用。

（18）根据危险化学品的物理化学特性合理存放化学品,如遇湿易燃物品像金属钠、钾等要放在煤油中,易自燃物品如黄磷等应放在水里,易产生有毒气体或烟雾的化学品应单独存放在有通风条件的药品柜中。

（19）控制危险化学品的库存量,减少易燃易爆、强氧化剂以及管控化学品（如剧毒品、易制毒化学品、易制爆化学品、精神药品和麻醉药品）的库存,尽量实现零库存。管理人员应经常盘查库存量,并做好记录。

（20）剧毒化学品、易制毒化学品、易制爆化学品及管控的精神药品、麻醉药品、放射性物质的存放要严格实施"五双"管理:双人双锁保管、双人收发、双人使用、双人运输。

（21）实验后的化学物品、废弃化学试剂不得随意丢弃,不得倒入水槽,防止造成环境污染,严格遵照废弃化学物品处理办法处置。

（22）散落在地面上的危险物品,应及时清除干净。扫起来的危险废物应专门收集,采用合适的物理或化学方法处置,以确保安全。

（23）对危险废物的收集,必须在指定的废弃液回收桶上张贴设备处专用标签,并由经过操作训练的实验人员操作,以防事故发生。

（24）实验人员配合设备处安全科回收时,应量力而行,配合协调,不可冒险违章操作。

5.1.4　用电安全管理制度

（1）实验室应规范用电，不得超负荷用电，不得私自拆装、改线，不得乱接、乱拉电线。

（2）不得使用质量低劣的电线、开关、接线板、电气产品等。接入实验室的电源应经空气开关，并配备必要的漏电保护器。电气设备和大型仪器须接地良好，对电线老化、裸露等隐患要定期排查。

（3）仪器设备、电器不得在无人情况下开机过夜；如确属工作需要，实验室应有必要的安全保护措施并告知值班人员。在无人值守的情况下，电热器、电热板、充电器、饮水机等一律不得过夜使用。

（4）所有热能设备工作时，实验室必须安排人员不间断值守。

（5）有易燃易爆化学品的实验室一般不得使用明火电炉，也不得使用产生电弧的设备，如确因工作需要且无法用其他设备替代，必须做好安全防范措施并谨慎操作。

（6）电源开关、插座、接线板附近不得存放易燃易爆物品。

（7）有易燃物的实验室内应配备相应的报警设施（如烟雾探测报警器）以及消防设备（如灭火器、灭火毯、室内消防喷淋设备等），并保持消防通道畅通。

（8）实验室总电源开关应设在易操作位置，总电源开关周围不得堆放物品，保证畅通；配电柜要有可靠的接地、接零保护，电源保险要安全可靠。

（9）严禁随意移动实验室设备、随意使用大功率设备，以免造成负荷故障或烧毁；实验室严禁使用明火、电取暖器设备取暖。

（10）严禁湿手操作电源开关及电气设备，实验室无人时及时切断电源；若遇电器失火，首先切断电源，再行灭火。

5.1.5　仪器设备安全管理制度

为加强仪器设备的安全使用和管理，防范事故的发生，根据《消防安全管理规定》《实验室安全管理办法》等相关规定，特制订仪器设备安全管理制度。

1. 热能设备

（1）热能设备泛指用电、气、油加热的设备，包括在工作时需要使用易燃、易爆气体的设备。

（2）根据"谁主管，谁负责"的原则，凡使用热能设备的院属各单位、课题组必须指定一位教师作为热能设备的责任人。责任人负责对所属实验室的人员进行安全教育和消防指导，所有人员务必做到"四会"，即会报警，会正确使用灭火器，会扑灭初级火灾，会疏散和逃生。

（3）热能设备的责任人要根据热能设备的特性,制订设备操作规范,健全制度,强化安全措施。

（4）所有热能设备务必接地,以防设备漏电伤人。热能设备（含大功率用电设备）的周围保持畅通,不得堆放易燃、易爆物品。责任人定期对热能设备进行检查,查找隐患,负责落实整改。

（5）在安放热能设备的实验室至少配备 3 具灭火器,课题组负责申报,学院统一配置。

（6）责任人要加强对热能设备的监管,热能设备在开启时务必安排专人不间断值守。热能设备关闭后,必须待设备冷却后方能离开。

（7）学院各单位、课题组对热能设备进行自查,对设备的安放地点、设备的功率、设备的购置时间等进行登记;热能设备负责人要定期检查设备的供电环境、设备的温控器,对购置时间较长的设备及时报废处理。新购热能设备须报学院办公室备案。

（8）擅离职守造成事故的,视情节追究相关责任人相应责任。因渎职造成重大事故的,依据法律法规,追究法律责任。

2. 电磁辐射及放射性设备

（1）涉及放射源或射线装置的实验室必须按照国家法规和学校的相关规定,加强辐射场所的安全设施建设,加强射线装置和放射源的采购、保管、使用、备案等管理,规范放射源废弃物的处置。

（2）具有电磁辐射和放射性功能的设备的安装与调试、维修须由供应厂家或有资质的单位进行,上述环节须全程记录,完成验收后方能交付使用。

（3）配合实验室与设备管理处做好设备的检测工作。

（4）实验室应为放射工作人员提供必备的防护设备与设施;放射工作人员需参加辐射安全与防护知识培训,定期参加职业健康体检。

3. 特种设备

（1）特种设备在投入使用前按规定向政府特种设备安全监督管理部门登记,取得"特种设备使用登记证"后方可投入使用。

（2）使用单位应制订相应的管理制度和安全操作规程,重视操作人员的安全知识和专业技能的培训。

（3）特种设备安装、改造、维修应由厂家或委托取得资质的单位施行,使用单位应做好特种设备的安全技术档案和安全检查记录。

（4）特种设备的使用应严格按照国家相关法律法规及操作说明进行，确保设备的使用安全。在作业过程中发现事故隐患或者其他不安全因素时，作业人员应采取有效的安全措施，并立即向现场安全管理人员和单位有关负责人报告。

（5）若特种设备存在严重事故隐患，无改造、维修价值，或者超过安全技术规范规定使用年限，应及时予以报废处理。

5.1.6　实验室卫生管理办法

（1）师生学习工作的区域（如办公室、实验室，以下统称实验室）的卫生状况，体现了工作人员的精神面貌，反映了师生以及实验者的整体素质水平，关系到实验参与者共同的身心健康问题。学院各单位、各实验室务必加强实验室的卫生管理。

（2）为了营造良好的工作学习环境，结合学院实际情况，制订本办法。

（3）实验室的仪器设备及家具的布局要符合实验工艺流程，既要科学合理又要摆放整齐。实验室负责人有义务、有责任组织及参加实验室卫生清扫，并积极地进行卫生宣传与教育工作，自觉地保持实验室的环境卫生。

（4）仪器设备、实验桌（台、橱、柜、凳）、灯管（罩）、窗、墙面等要整洁，无积灰、无污斑，玻璃要整洁透明，实验室及相关的走廊、楼梯以及附属用房等处均应无痰迹污物，无积灰蛛网，无纸屑果皮，无私存物品。

5.1.7　安全工作应急预案

（1）为有效预防、及时控制突发事件，最大限度地降低各类突发事件对学院工作的影响，依据《中华人民共和国安全生产法》《中华人民共和国突发事件应对法》等有关法律法规和学校有关文件的精神，结合学院实际情况，特制订本突发事件应急预案。

（2）本预案所称实验室安全事故指全院范围内各级各类教学、科研实验室所发生的，造成或者可能造成人员伤亡、财产损失、环境破坏和严重社会危害的事故、事件。

（3）实验室安全与环保事故，按以下类别认定：

① 化学类安全事故：实验室发生危险化学品泄漏、爆炸、中毒、丢失、被盗以及由危险化学品引发的火灾等事故。

② 辐射类安全事故：实验室发生放射性同位素丢失、被盗以及放射性同位素和仪器设备装置导致人员受到意外的异常照射事故。

③ 特种设备类安全事故：实验室发生由特种设备引发的火灾爆炸、易燃易爆或有毒介质及其他危险化学品泄漏、起重机倾覆、起重物失控等事故。

④ 实验室燃烧、爆炸事故:各种原因导致的实验室起火、燃烧、爆炸事故。

⑤ 触电事故:各种原因导致的触电且造成人员伤亡的事故。

(4) 工作原则包括:

① 以人为本,安全第一。始终把保障学院师生员工身体健康和财产安全放在首位,切实加强应急救援人员的安全防护,最大限度地减少事故造成的人员伤亡、财产损失和危害。

② 快速反应,积极自救。实验室发生突发安全事故后,各有关单位要按职责分工积极开展工作,快速反应,正确应对,果断处置,防治事态升级和蔓延扩大。

(5) 指挥系统与职责包括:

① 学院消防、实验室安全管理工作领导小组履行安全事故应急工作小组职能。领导小组组长是突发安全事故现场的指挥长。

② 突发事故发生时,事发所在地的最高领导是临时指挥员,如果没有领导在场,老师应担起组织抢险和施救的指挥工作。

③ 各系(中心)、行政各职能科室负责人及全体师生,都有参加重大安全事故抢险救灾的责任和义务。

(6) 在处理突发事件的过程中,必须正确地掌握和运用处置突发事件的基本原则,准确、有效地做好处置工作,以保护师生合法权益,维护学校的安全与稳定。

① 发生意外事故,课题组负责人立即将事故情况准确报告院领导小组。

② 立即启动安全事故应急救援预案,领导小组主要领导、分管安全工作的领导紧急赶赴现场,指挥事故的处理工作,并向学校相关部门报告情况。

③ 现场指挥员根据事故情形,组织救援行动、疏散和现场保护等工作。

(7) 对出现的重大不安定因素或可能会造成严重后果的突发事件,必须及时报告学院党委、学校有关部门。学院党委快速反应,研究处理程序,制订应急处置措施和注意事项,及时果断采取应对措施,确保突发事件能得到有效控制和解决。

(8) 部分安全事故应急处置措施包括:

① 危险化学品。

有毒、腐蚀性化学品泼溅到皮肤或衣物上,应迅速解脱衣物,立即用大量自来水冲洗,再根据毒物的性质采取相应的有效处理措施;视情况及时送医就诊。发生易燃、易爆化学品泄漏,泄漏区域附近应严禁火种,切断电源。事故严重时,应立即设置隔离线,并组织附近人员有序撤离,同时报告有关部门。发生气体中毒,应立即打开窗户通风,并疏导实验室人员撤离现场。将中毒者转移至安全地带,解开领口,让中毒者平躺,呼吸新鲜空气;为中毒者进行人工呼吸,拨打120急救电话请求支援。发生少量废液泄漏,应使用惰性材料(如干沙)作为吸附剂将其吸收起来,然后按照危险废物处置。如发生大量泄漏,应使用惰性材料(如干沙)进行围堵,然后用吸附剂进行吸收,清理后按照危险废物进行处置。严禁使用锯末、废纸等可燃材料作为吸收材料,以免发生反应,引起火灾。

② 实验室发生火灾的一般处置办法。

发生局部火情,立即使用灭火器、灭火毯、沙箱等灭火。发生大面积火灾,实验人员已无法控制时,应立即报警,通知所有人员沿消防通道紧急疏散。同时,立即向消防部门报警,向学院领导报告;有人员受伤时,立即向医疗部门报告,请求支援。人员撤离到预定地点后,应立即组织清点人数,对未到人员尽快确认其所在的位置。

③ 实验室发生爆炸的一般处置办法。

实验室爆炸发生时,实验室人员在确保安全的情况下,必须及时切断电源和管道阀门。所有人员应听从现场指挥,有秩序地通过安全出口或用其他方法迅速撤离爆炸现场。实验室安全事故应急处理领导小组负责安排抢救工作和人员安置。

④ 实验室发生触电事故的一般处置办法。

应先切断电源或拔下电源插头;若来不及切断电源,可用绝缘物挑开电线。在未切断电源之前,切不可用手去拉触电者,更不可用金属或潮湿的东西挑电线。在触电者脱离电源后,应使其就地仰面躺平,禁止摇动伤员头部。检查触电者的呼吸和心跳情况,呼吸停止或心脏停跳时应立即施行人工呼吸或心脏按压,并尽快联系医疗部门救治。

5.1.8　安全员岗位职责

为保障师生员工的人身安全,维持教学与科研等工作的正常秩序,促进学院的可持续发展,根据国家、学校有关法律法规和文件精神,遵循"以人为本,安全第一;预防为主,综合治理"的原则,制订安全员岗位职责。

(1)明确工作职责,在思想上高度重视安全工作,在行动上认真履职。

(2)落实学院和上级部门的各项安全规章管理制度,加强学院各级安全责任人的管理,切实履行安全责任制。

(3)加强对教师和学生的安全教育,尤其是对新进教职工和新入校学生,组织实施实验室安全和消防安全培训计划。

(4)不断提高全员安全意识和学院安全生产水平,根据实验室的现况制订安全防范措施。

(5)加强日常安全管理,建立和健全实验室安全档案、消防安全制度、化学实验室规范、易燃易爆实验室安全规则、危险仪器操作流程、突发性事故处理机制等。

(6)严格执行实验室易制毒、易制爆药品的购买、使用、储存和回收的有关规定。

（7）做好消防设施配置计划，比如喷淋设备、气体灭火装置、灭火器、烟雾报警器以及门禁系统的管理等。

（8）坚持定检与常检并举（自查、检查、互查相结合），每半月进行一次安全大检查。发现事故苗头、隐患立即责成整改，对不听劝阻、不立即改正的课题组，及时向学院反映研究处理。

（9）认真接受上级有关部门的检查和指导，以及提出的整改意见。做到事事注意安全，时时抓安全。发现问题要及时汇报，及时处理。

（10）全面负责学院安全隐患的排查工作，做好安全检查记录。

5.2　典型火灾事故

着火是化学实验室，特别是有机实验室里最容易发生的事故。实验人员发现火灾后，一定要保持镇静，立即切断或通知相关部门切断电源；迅速向保卫处、实验室负责人和本单位领导报告，说明火灾发生的时间、地点、燃烧物质的种类和数量、火势情况、报警人姓名及电话等详细情况；按照"先人员，后物资，先重点，后一般"的原则抢救被困人员及贵重物资，疏散其他人员，注意关闭门窗，防止火势蔓延。对于初起火灾，应根据其类型，采用合适的灭火器具灭火。对有可能发生喷溅、爆裂、爆炸等危险的情况，应及时撤退。明确救灾的基本方法，采用适当的消防器材进行扑救。

木材、布料、纸张、橡胶以及塑料等固体可燃材料引发的火灾，可采用水直接浇灭，但对珍贵图书、档案须使用二氧化碳、卤代烷或干粉灭火剂灭火。易燃可燃液体、气体和油脂类等化学药品引发的火灾，须使用大剂量泡沫或干粉灭火剂灭火。带电电气设备火灾，应切断电源后再灭火；因现场情况及其他原因，不能断电，需要带电灭火时，应使用干砂或干粉灭火器灭火，不能使用泡沫灭火器或水灭火。可燃金属，如镁、钠、钾及其合金等引发的火灾，应使用干砂或干粉灭火器灭火。

2019年2月27日凌晨0时42分，江苏省某大学教学楼内一实验室发生火灾，学校拨打119、110报警。因为火势蔓延迅速，整栋大楼几乎都浓烟滚滚，9辆消防车、43名消防员到达现场，用水枪喷射明火并且降温，1时30分火被扑灭。教学楼外墙面被熏黑，窗户破碎，警方及学校保卫部门封闭现场。火灾烧毁3楼热处理实验室内办公物品，并通过外延通风管道引燃5楼顶风机及杂物。当时没有人在大楼里，没有人员受伤。

事故原因：夜间实验室未关闭电源，导致电路火灾。事故后果：烧毁3楼热处理实验室内办公物品，并通过外延通风管道引燃5楼楼顶风机及杂物。

2019年9月29日，浙江宁波某公司发生重大火灾事故，造成19人死亡、3人受伤（其中 2 人重伤,1 人轻伤),过火总面积约为 1100 m²,直接经济损失约为 2380.4 万元。该起火灾发生初起的视频显示,发生火灾后,灭火器就在旁边,员工却不知道使用,竟用嘴吹、纸板扑打、塑料桶覆盖等方法灭火,最终小火酿大火,造成 19 人死亡。事故直接原因:公司员工孙某将加热后的异构烷烃混合物倒入塑料桶时,因静电放电引起可燃蒸气起火并蔓延成灾。

2019 年 4 月 15 日,山东济南某公司四车间地下室在冷媒系统管道改造过程中,发生重大着火中毒事故,造成 10 人死亡、12 人受伤,直接经济损失为 1867 万元。事故直接原因:该公司四车间地下室管道改造作业过程中,违规进行动火作业,电焊或切割产生的焊渣或火花引燃现场堆放的冷媒增效剂(主要成分为氧化剂亚硝酸钠,有机物苯并三氮唑、苯甲酸钠),瞬间产生爆燃,放出大量氮氧化物等有毒气体,造成现场施工和监护人员中毒窒息死亡。

5.3 爆 炸 事 故

爆炸是一种突发的恶性事故,造成的人员伤亡惨不忍睹。不管是锅炉还是烟花爆炸都会给人们留下黑色的阴影。

在日常生活中,爆炸主要有以下几种原因:煤气、瓦斯泄漏引爆事故,包括罐装煤气和管道煤气;烟花爆竹工厂的爆炸事故;氢气球爆炸事故;核泄漏造成的爆炸事故;锅炉爆炸、高压锅爆炸事故;化工厂、军工厂、弹药库的爆炸事故;战争时期使用炸弹、导弹等强大的杀伤武器的爆炸。

2021 年 10 月 21 日 8 时 20 分,沈阳市某饭店发生燃气爆炸,引爆的冲击导致附近楼体受损严重,外窗损毁,露出钢筋,现场一辆公交车被波及,停在路边的私家车受损也比较严重。事件发生后,省、市领导和公安、消防、应急、城建、燃气等部门第一时间赶赴现场进行处理。

2021 年 5 月 6 日位于宁波市的某公司作业三部乙苯-苯乙烯装置发生一起爆燃事故,事故造成乙苯-苯乙烯装置区严重受损,未造成人员伤亡,直接经济损失约为 853.28 万元。事故原因:该公司进行苯塔顶蒸汽发生器(ER26201)管束更换作业后,封头法兰面紧固不到位,部分螺栓长度不符合设计要求,维修后未经质量检查和耐压试验,开车前未进行安全条件确认,直接投入运行,苯塔顶蒸汽发生器封头管箱侧垫片密封失效,封头内高浓度苯烃化液(苯含量为 98.91%)从法兰处喷出,与空气混合形成爆炸性气体,遇高温蒸汽管道发生爆燃,装置管路破裂,易燃物料泄漏燃烧。

5.4　中毒与灼伤事故

　　危险化学品发生泄漏易造成灼伤事故,不同的危险化学品在不同的情况下发生泄漏时,其扑救方法差异很大,若处置不当,不仅不能有效地处置事故,反而会使险情进一步扩大,造成不应有的财产损失。由于危险化学品本身大多具有较强的毒害性和腐蚀性,极易造成人员中毒、灼伤等伤亡事故,因此处理危险化学品泄漏是一项极其重要又非常艰巨和危险的工作。从事危险化学品储存、装卸、使用的人员和处置危险化学品的人员,以及消防、救护人员平时应熟练掌握这类物品的主要危险特性及其相应的处置方法。只有做到知己知彼,防患于未然,才能在处理各类危险化学品泄漏中保证安全。

　　发生急性中毒事故,应立即将中毒者及时送医院急救。护送者要向院方提供引起中毒的原因、毒物名称等,如化学物不明,则须带该物料及呕吐物的样品,以供医院及时检测。如不能立即到达医院,可采取如下急性中毒的现场急救处理措施。

　　吸入中毒者:应迅速脱离中毒现场,向上风向转移,至空气新鲜处,松开患者衣领和裤带,并注意保暖。化学毒物沾染皮肤时,应迅速脱去污染的衣服、鞋袜等,用大量流动清水冲洗 15～30 min,头面部受污染时,首先注意眼睛的冲洗。

　　口服中毒者:如为非腐蚀性物质,应立即用催吐方法,使毒物吐出,现场可用自己的中指、食指刺激咽部、压舌根的方法催吐,也可由旁人用羽毛或一端扎上棉花的筷子刺激咽部催吐。催吐时尽量低头,身体向前弯曲,这样呕吐物不会呛入肺部。误服强酸、强碱,催吐后反而会使食道、咽喉再次受到严重损伤,可服牛奶、蛋清等。另外,对失去知觉者,呕吐物会误吸入肺。误喝了石油类物品,易流入肺部引起肺炎。有抽搐、呼吸困难、神志不清或吸气时有喉声者均不能催吐。

　　危险化学品具有腐蚀性、有毒等特点,在贮存、运输、使用过程中容易发生事故,由于热力作用,化学刺激或腐蚀等造成皮肤、眼的烧伤。化学性皮肤烧伤的现场处理方法是将伤者立即移离现场,迅速脱去被化学沾污的衣裤、鞋袜等。

　　酸、碱或其他化学物烧伤时,立即用大量流动自来水或清水冲洗创面 15～30 min。新鲜创面上不要随意涂上油膏或红药水,不用脏布包裹。黄磷烧伤时应用大量水冲洗,浸泡或用多层湿布覆盖创面。烧伤病人应及时送医院。烧伤往往合并骨折、出血等外伤,在现场也应及时处理。

5.5　烫伤、割伤等外伤事故

　　在烧熔和加工玻璃物品时最容易被烫伤,在切割玻管或向木塞、橡皮塞中插入温度计、玻管等物品时最容易发生割伤。玻璃质脆易碎,对任何玻璃制品都不得用力挤压或施加张力。在将玻管、温度计插入塞中时,塞上的孔径与玻管的粗细要吻合。玻管的锋利切口必须在火中烧圆,管壁上用几滴水或甘油润湿后,用布包住用力部位轻轻旋入,切不可用猛力强行连接。

　　外伤急救方法如下。

　　割伤:先取出伤口处的玻璃碎屑等异物,用水洗净伤口,挤出一点血,涂上红汞水后用消毒纱布包扎。也可在洗净的伤口上贴上"创可贴",可立即止血,且易愈合。若割伤处大量出血,应先止血,让伤者平卧,抬高出血部位,压住附近动脉,或用绷带盖住伤口直接施压,若绷带被血浸透,不要换掉,再盖上一块施压,立即送医院治疗。

　　烫伤:一旦被火焰、蒸气,红热的玻璃、铁器等烫伤,立即将伤处用大量水冲淋或浸泡,以迅速降温避免深度烧伤。若起水泡则不宜挑破,用纱布包扎后送医院治疗。对轻微烫伤,可在伤处涂些鱼肝油、烫伤油膏或万花油后包扎。

　　烧伤、烫伤处理步骤如图 5-1 所示。

图 5-1　烧伤、烫伤处理步骤

习　题

1. 2021 年《中华人民共和国消防法》重新修订，确定了新消防工作原则，下列工作原则中不正确的是（　　）。

　　A. 政府统一领导　　　　　　　　B. 部门依法监管

　　C. 单位全面负责　　　　　　　　D. 公民积极监管

2. 消防安全工作的方针是（　　）。

　　A. 预防为主　　　　　　　　　　B. 防消结合

　　C. 防消为主　　　　　　　　　　D. 预防为主，防消结合

3. 最新修订的《中华人民共和国消防法》公布，自（　　）起施行。

　　A. 2021 年 4 月 29 日　　　　　　B. 2021 年 5 月 29 日

　　C. 2021 年 6 月 29 日　　　　　　D. 2021 年 7 月 29 日

4. 电器火灾的预防应尽可能做到（　　）。

　　A. 不关电源　　　B. 超负荷使用　　　C. 关遥控　　　　D. 人走断电

5. 皮肤接触了高温物质（热的物体、火焰、蒸汽）、低温物质（固体二氧化碳、液体氮）和腐蚀性物质（如强酸、强碱、溴）等都会造成灼伤。如果发生意外，正确的处理方法是（　　）。

　　A. 不管什么情况，马上送医院就医

　　B. 被碱灼伤时，先用水冲洗，然后用 3％ 的硼酸或 2％ 的醋酸清洗，严重时就医

　　C. 金属钠溅入眼内，立即用大量水冲洗

　　D. 浓硫酸沾到皮肤上，直接用水冲洗

6. 实验室中使用压力容器（如高压釜、气体钢瓶等）时，下列被严格禁止的行为是（　　）。

　　A. 带压拆卸压紧螺栓

　　B. 气体钢瓶螺栓冻着，不能拧开，可以用火烧烤

　　C. 在搬动、存放、更换气体钢瓶时不安装防震垫片

　　D. 学生必须经过培训，在老师在场指导的情况下使用高压釜

7. 以下哪几项是诱发安全事故的原因？（　　）

　　A. 设备的安全状态　　　　　　　B. 人的安全行为

　　C. 不良的工作环境　　　　　　　D. 完善的劳动组织管理

8. 做加热易燃液体实验时，应该（　　）。

A.用电炉加热,要有人看管

B.用电热套加热,可不用人看管

C.用水浴加热,要有人看管

9.以下哪种方法是双氧水的安全使用方法?(   )

A.用水稀释   B.加铬酸   C.加高锰酸钾   D.加钙粉末

10.当不慎把少量浓硫酸滴在皮肤上时,正确的处理方法是(   )。

A.用酒精擦

B.马上去医院

C.用碱液中和后,用水冲洗

D.用吸水性强的纸吸去后,再用水冲洗

第6章 生产和认知实习安全规范

生产和认知实习是实践教学环节的重要组成部分,也是培养学生独立实践能力的重要途径。为使校外实习达到预期目的,保证实习工作顺利进行,保障学生个人安全,师生应遵守生产和认知实习安全规范。

6.1 生 产 实 习

生产实习是本科生完成本专业基础课和专业课学习之后,综合运用知识的实践性教学环节,是材料类专业的必修课程之一。

6.1.1 学习目标

(1)通过生产实习,了解材料领域、各种复杂工艺,认识新材料、新工艺、新产品应用对客观世界和社会的影响,培养甘于奉献、矢志不渝的大国工匠精神,激发科技报国的家国情怀,能够承担相应工作和社会责任。

(2)在生产实习中,理解工程师的职业性质、职业责任,具备工程师的职业道德。具备较宽广的本学科基础知识和较高的个人综合素质,能够在多学科背景下,发挥个体及团队成员作用。

(3)了解材料专业特征、学科前沿和发展趋势,具备一定的国际视野,正确认识本专业对社会发展的重要性。具有较强的业务沟通能力,能够就复杂的工程问题与国内外同行进行有效交流。

(4)通过生产实习,理解并掌握工程管理原理与经济决策方法。具有较强的综合归纳能力,能够针对复杂多学科工程问题进行分析、决策。

6.1.2 学习方法

(1)利用暑假假期,在带队教师带领下,学生到远离学校的各个工业较发达的城市或工业园区,进行为期 3～4 星期的生产实习。

（2）大三学生分班在学院建立的几个实习基地进行集中实习。特殊情况下,极少数的同学可以单独实习。为保证单独实习的效果,学院实行更严格的统一答辩和更严格的成绩考核标准。

（3）实习期间,学生每天写日志、做笔记。带队教师定期对学生的生产实习日志进行检查批阅,最后结合答辩和实习报告,完成本课程的评分。

（4）实习老师每天记录生产实习工作手册,而且负责督促每个生产实习单位填写生产实习鉴定并盖章。实习结束后,每个实习小队要提交详细的总结报告(每小队一份)。

6.2　实习纪律与注意事项

6.2.1　实习纪律

（1）按规定作息制度上下班,不准迟到、早退,未经指导教师批准的缺席按旷课处理。凡有违反现象,按校规严肃处理。

（2）实习期间按工厂规定休息,按规定时间上晚自习,按时就寝,任何人不得外宿,不得擅自离开实习地到外地游逛。

（3）遵守工厂的规章制度,佩戴出入证进入实习场所(出入证不能丢失),按安全规定穿戴好工作服和安全帽,不合规定者不得进入车间。

（4）实习进入厂房时,不允许穿短裤、拖鞋,女生请将头发扎起来。

（5）实习期间,未经允许,不可擅自离队,不得擅自动用设备和仪器。

（6）实习期间,将手机调为静音模式,不要在工作时间玩手机。

（7）爱护公物,节约水电,文明待人,尊重工人和技术人员,特别是不要在技术人员讲解时打闹、玩手机。

（8）每天认真撰写实习日志,完成教师布置的作业。

6.2.2　注意事项

（1）注意去程与回程集合的时间、地点,按时集合。

（2）需要携带的物品包括:

实习资料:实习日志、实习证明、笔、身份证、专业书籍。

生活用品:衣服(准备长裤和长袖)、鞋(准备皮鞋和运动鞋,不要只带拖鞋和凉鞋)、垫子、枕头、被单、毛巾、牙刷、水杯、帽子、充电器等。

6.3　生产实习过程中的安全

6.3.1　人身安全

（1）学生实习之前必须接受顶岗实习安全教育，在顶岗实习工作中要遵守企业安全生产制度，作业时应当按要求做好必要的安全措施。按操作规程规范操作，杜绝安全事故和机器损坏。

（2）尽量减少外出，特殊情况需要外出时，要至少三人结伴而行，便于相互照应。

（3）禁止在学校、公司（实习学生）外逗留及到人烟稀少、偏僻的地方行走。一定按要求的时间出、回学校和公司（厂部）。

（4）不要随便和陌生人讲话，不要轻信他人，外出时，碰见主动博得同情的人要提高警惕，防止上当受骗。遇到有人向你兜售手机、笔记本电脑等物品时，请不要搭理，更不要贪图小便宜，谨防上当受骗。

（5）严禁私自到海边等地游玩，严禁下河、塘、堰洗澡或玩水。

（6）遇到突发事件时，要以生命为重，设法机智报警。当遇到危险时，切记以自身安全为要。

（7）打雷时不要外出，不要接听、拨打手机；不去树下躲雨；安全用电，严防火灾。

（8）严禁酗酒、拉帮结派，凡带头违反规定者立即开除。不得打架斗殴，不得威胁他人人身安全。凡打架斗殴情节严重者立即开除。

（9）严禁参与任何形式的赌博，不得进出不健康的娱乐场所（酒吧、歌舞厅、棋牌室、网吧、游戏厅等），不得参加不健康的活动。

（10）与同学和企业的同事关系要正常，不要在同事背后说是非，更不要与异性同事有不正常的关系，以免给自己带来麻烦。

（11）在校生参加同学生日等聚会和实习生在实习期间参加企业举办的聚餐或同事聚餐，要注意礼仪礼节，不饮酒。

（12）不要将个人联系方式（手机号码、家庭电话、亲人电话）轻易给别人。

（13）不要透露有关带队教师及同学的情况，包括电话及其他情况。

（14）定期与父母亲人联系，以免家人担心。

（15）不得将管制刀具等利器带入校园和实习公司（厂部），一经发现立即开除。

6.3.2　财产安全

财产安全是保障大学生生活、学习顺利进行的基础,如何切实保障自身的财产安全也是大学生必须高度重视的问题。当代社会,大学生的财产安全引起了广泛关注,宿舍盗窃、大学生校园贷、电信诈骗等造成财产损失的事件屡见不鲜,严重影响大学生在校人身财产安全以及合法利益,扰乱了高校正常管理秩序。

1. 大学校园里容易发生盗窃案件的地方

(1)学生宿舍。学生的现金、贵重物品、生活用品主要放在宿舍里,宿舍是最容易发生盗窃的场所。有些同学缺乏警惕性,安全防范意识太差,如有的同学看到陌生人在宿舍里乱窜而漠不关心,有的同学随便留宿外人或出借钥匙等。

(2)教室、图书馆、食堂、操场等公共场所。学生的现金、贵重物品、学习用品放在书包里,书包放在教室、图书馆、食堂,人离开了,书包可能被盗。贵重衣服、物品在锻炼身体时放在操场也可能被盗。

2. 预防措施

(1)要牢固树立防盗意识,克服麻痹思想。盗窃分子的眼光时时盯着大学校园,特别是盯着缺乏经验的大学生。大学校园里时常有盗窃分子出入,身边的大学生中极个别人也有盗窃行为。因此,在防止盗窃时,要小心谨慎。

(2)妥善保管好现金、存折、汇款单等。现金最好的保管办法是存入银行,尤其是数额较大的要及时存入,绝不能怕麻烦,要就近储蓄。

(3)保管好自己的贵重物品。贵重物品不用时,不要随便放在桌子上、床上,防止被人"顺手牵羊",要放在抽屉、柜子里,并且锁好。寒暑假离校时应将贵重物品带走,或托给可靠的人保管,不要放在宿舍里,防止撬锁盗窃。贵重物品、衣物最好做上一些特殊记号,一旦被盗,报案时好说明,认领时也有依据。这样,即使被盗,找回的可能性也大一些。

(4)养成随手关窗锁门的好习惯。上课、参加集体活动、出操、锻炼身体等外出离开宿舍时,要关好窗、锁好门,包括关好玻璃窗,因为仅仅一层窗纱不足以防盗。一个人在宿舍时,即便上厕所、去水房洗衣服,几分钟、十几分钟的时间即可回来,也要锁好门,防止犯罪分子溜门盗窃。

(5)在教室、图书馆看书,在食堂吃饭时,不要用书包占座,不在书包里放现金、贵重物品、钥匙,防止书包被盗或书包内的现金、贵重物品、钥匙被盗。

3. 校园诈骗(见图 6-1)

(1)网络"钓鱼":不法分子使用虚假购物网站给同学们发信息。

(2)电话诈骗:常见的有编造中奖信息、冒充国家公务人员、冒充熟人朋友等,要求当事者转账。

(3)网络兼职诈骗:进入大学之后,很多学生想减轻家里负担或者改善生活,会选择利用课余时间兼职打工。骗子瞄准这部分人群以招工为由向大学生收取保证金、培训费、办理健康证手续费等实施诈骗。

(4)校园贷和套路贷:校园贷打着审核门槛低、放款快、利息低的旗号引诱着涉世不深的大学生,鼓励他们足不出户、在线提交材料"轻松"实现"今天花明天的钱"。大学生以为只是单纯的贷款,却不知道滚雪球的利息远超他们的承受能力。一些违法的犯罪分子将魔爪伸向校园,让无数学生损失惨重,同时给社会带来严重危害。

图 6-1 校园诈骗示意图

4. 国家反诈中心提醒

(1)凡是"不要求资质"且放款前要先交费的网贷平台,都是诈骗!

(2)凡是刷单,都是诈骗!

(3)凡是通过网络交友,诱导你进行投资或赌博的,都是诈骗!

(4)凡是网上购物遇到自称客服说要退款,索要银行卡号和验证码的,都是诈骗!

(5)凡是自称"领导""熟人"要求汇款的,都是诈骗!

(6)凡是自称"公检法"让你汇款到"安全账户"的,都是诈骗!

(7)凡是通过社交平台添加微信、QQ,拉你入群,让你下载手机应用程序或者点击链接进行投资、赌博的,都是诈骗!

（8）凡是通知中奖、领奖,让你先交钱的,都是诈骗!

（9）凡是声称"根据国家相关政策需要配合注销账号,否则影响个人征信的"都是诈骗!

（10）凡是非官方买卖游戏装备或者游戏币的,都是诈骗!

6.3.3 交通安全

校园交通安全事故如图 6-2 所示。

图 6-2 校园交通安全事故示意图

（1）在马路上行走时,时刻注意路况、行人及车辆,遵守交通规则。

（2）不坐无安全保障的车辆,不得乘坐无牌、无照、无证的"黑车",不得乘坐车况不好的车辆,不得乘坐农用车及二轮、三轮摩托车。

（3）乘车买票时,一定要到车站购票上车。实习期间不得乘坐超载超速的车辆。

（4）上下车时要有序排队,先下后上,不要拥挤,以免踩伤或为小偷作案提供条件。搭乘公共汽车时,尽量坐（站）在车厢前面,最好不要站在上下门处。车未停稳,不准上下车。

（5）乘车时千万不能携带鞭炮、汽油之类的易燃、易爆物品。

（6）乘坐公共汽车（地铁）时,必须在站台或人行道上排队等车。

（7）乘坐车辆若无座位,要抓牢扶手或吊环。

（8）乘车时,手、头及身体的任何部分都不准伸出车外,不能向车外乱扔杂物。

（9）乘坐长途汽车,有安全带的座位一定要系好安全带。车辆在行进时,若急刹车,巨大的惯性可能给你造成伤害。

（10）乘车时不要看书看报,因为车厢内晃动不稳,书报与眼睛的距离不定,注视的目标来回摆动,为了看清楚,眼睛就需要不停地进行调节,容易使眼睛疲劳而诱发近视。

（11）乘车时不要打盹、睡觉，以免摔伤、碰伤、坐过站或被小偷偷窃。

（12）下车时，一定要仔细清点好行李物品，不要遗失或拿错行李。

（13）下车后，要先走到便道上去。如果需要横穿马路，必须从人行横道通过，绝不能一下汽车就急忙奔向马路中间，更不能不等汽车开走，就从车前、车后往马路中间跑，这样看不见路上来往的车辆，很容易出事。

（14）不准在马路上闲逛、追逐打闹；横过斑马线时，要注意红绿灯，切记不要分神，要"一看二听三通过"。

（15）启程前要与亲人联系，告知乘车的路线、目的地及其他情况，到达目的地后要报平安。

6.3.4 职业卫生与工伤

（1）职业卫生又称劳动卫生、工业卫生，是指为了保障劳动者在生产（经营）活动中的身体健康，预防职业病和职业性多发病等职业性危害，在技术上、设备上、医疗卫生上所采取的一整套措施。

（2）工伤是指在工作时间因为工作关系而发生的与工作有关的伤亡事故。

（3）当发生工伤时，应找医务人员进行临时处理，联系带队教师。在医院就诊时要保留相关票据，并复印一份留底。

（4）不吃生、冷食物，不喝自来水和未经消毒的生水。

（5）不吃已过保质期和已变质的食物。

（6）不到路边摊或没有卫生许可证的餐馆就餐。

（7）身体有异样的同学，需要自觉注意个人卫生，在就餐、洗漱等环节更需要谨慎。

6.3.5 宿舍安全

（1）在校生按照学校规定的作息时间就寝，周末晚上（星期五、星期六晚上）必须在20：00前返校。实习学生晚上没有夜班任务的20：00前必须返回住宿区，尽量避免深夜外出，有特殊事宜需要经校方老师及实习企业人员同意后办理。

（2）严禁在宿舍内抽烟和点蜡烛，以防发生火灾。

（3）不能携带校外人员或非企业实习的人员到校园和宿舍或企业区域和宿舍区域，男女不能互串宿舍。

（4）严禁男女混住，一经发现则开除。

（5）禁止在宿舍内饮酒。

（6）不得自行在外联系住宿。

6.4　生产实习中的设备操作规范

6.4.1　总则

（1）《实验实训室安全手册》是为学校教职工、学生及其他在实验实训室工作的人员的安全而编制的。

（2）学生、新进工作人员进实验实训室之前要参加安全教育和培训，经实验实训室培训、考核合格后方可进入实验实训室工作；学生要在教师指导下进行实验和研究。

（3）进入实验实训室工作、做实验和做研究的人员务必遵守学校及实验实训室的各项规章制度和仪器设备的操作规程，做好安全防护。

（4）在实验实训室发生事故时要立即处置，及时报告院系和学校教务处、安全稳定处，发生重大事故及时拨打火警电话 119。

6.4.2　实验实训室须知

（1）处理任何紧急事故的原则是：在不危及自身和他人重大人身安全的情况下，采取措施保护国家财产少受损失，措施包括自己采取行动、报警、呼叫他人及专业人员协助采取行动。在可能危及自身和他人重大人身安全的情况下，以采取保护自身和他人安全为重点，措施包括撤离危险现场、自救、互救、报警等。在任何情况下，不顾他人人身安全、不采取措施都是不道德的。

（2）参加实验实训时，不能穿拖鞋、短裤。女生不能穿裙子，并应把长发束好。

（3）实验实训、科研工作完成，或工作人员下班时，必须做好安全检查工作，切断电源，关好门窗，收藏好贵重物品，有报警装置的必须接通电源，注意防盗。离开实验实训室前关好水龙头及检查可能引起水患的地方，预防水患及雨淋对仪器设备造成损坏。

（4）为防止短路和因短路而发生火灾，必须严格执行电气安装维修规程，严禁私拉电线。实验实训室内不允许用电炉烧水、做饭等，生活用品不能带入实验实训室。不准在实验实训室、库房、资料室内抽烟；烟头、火种不能乱丢。

（5）空置的包装木箱、纸箱和旧布等杂物不准在实验室堆放。实验实训楼内走廊，除灭火器材外，不准放置其他物品，切实消除一切隐患。

（6）实验实训过程中必须保持桌面和地板的清洁和整齐，与正在进行实验实训无关的仪器和杂物不要放在实验桌面上。实验实训室里的一切物品务必要分类整齐摆放。

（7）未经领导和实验实训室安全负责人同意，不能擅自配实验实训室门钥匙，违者给予公开批评，并担负今后由此发生的安全保卫责任。

（8）熟悉紧急情况下的逃离路线和紧急疏散方法，清楚灭火器材位置和使用方法，铭记急救电话。

（9）禁止往水槽内倒入杂物和强酸、强碱及有毒的有机溶剂。

6.4.3　仪器设备的使用安全

（1）错误操作可能损坏设备，造成人身伤害。

（2）一定要清楚仪器每个按钮的位置及用途，以便在紧急的情况下立即停止操作。

（3）遵守仪器设备的安全操作规程，切勿贪图省时省力而走捷径。

（4）在操作某些仪器时，衣帽穿戴要符合要求，不能佩戴长项链或者穿过于宽松的衣服。

（5）确保设备的安全装置正常有效后方可正常运作，如果对仪器的某活动部分的安全性有怀疑，应立即停机检查。

（6）当仪器在运转过程中有杂音或其他的运转不正常现象时，应立即关机并通知仪器保管责任人。

（7）在清洁、维修仪器时，应先断电并确保无人能开启仪器。

（8）由于误操作仪器而发生事故，须及时向教师以及实验实训室报告。

（9）缺乏保护装置的设备容易引起伤害事故。

（10）错误连接电源，可能引发触电、失火。只有经过培训和允许，才可以使用仪器设备实施指定的操作。

6.4.4　实训室消防安全

（1）实训室内物品必须分类存放。要保持通道畅通，主要通道的宽度一般不小于5 m。

（2）实训室内不准住人，不准存放私人物品，不准用可燃材料搭建隔层。

（3）实训室内严禁吸烟和使用明火采暖。

（4）严格按照实验实训规程，在教师指导下进行实验实训操作。

（5）实训结束后，协助教师对实验实训室进行安全检查，切断电源，关闭门窗，确认安全后方可离开。

（6）实训室内外的消防通道必须保持畅通,不准随意挪用消防器材。

（7）如发现不安全因素,要立即报告安全稳定处解决,暂时不能解决的,要采取防护措施。

6.5　户外实习期间雷击事故及其预防

6.5.1　雷击事故

雷击是一种大气中发生的剧烈放电现象,通常在积雨云情况下出现,如图 6-3 所示。积雨云在形成过程中,某些云团带负电荷。它们对大地的静电感应使地面或建筑物表面产生异性电荷,当电荷积聚到一定程度时,不同电荷云团之间或云与大地之间的电场强度可以击穿空气,开始游离放电,由于异性电荷的剧烈中和,会出现很大的雷击电流并伴随发生强烈的闪电和巨响,这就形成雷击,或称为闪电。雷击通常发生在夏季人们户外活动多的场所,也是最不易受人们重视的自然危害,它的严重性表现在巨大的破坏性上,如造成人员伤亡、财产损失等。

图 6-3　户外雷击事故示意图

6.5.2　雷击事故预防

1. 预防雷击的基本原则

遇到雷雨天气时,千万不要惊慌失措。一般来说,应掌握两条原则:

① 要远离可能遭雷击的物体和场所。

② 在室外时设法使自己及随身携带的物品不要成为雷击的"目标物"。

按照防雷避险"学、听、察、断、救、保"六字口诀,就可能避免遭受雷击的伤害。

① 学:要学习有关雷击及防雷知识。

② 听:通过多种渠道,如电视、广播、报纸、"12121"电话、车上天气报警显示、手机短信等,及时收听(收看)各级气象部门发布的雷击预报预警信息,但不可听信谣传。

③ 察:密切观察天气的变化情况,一旦发现某种异常的现象,要立即采取防雷避险措施。

④ 断:在防雷救灾中,首先要切断可能导致二次灾害的危险源,如煤气、水等灾源。

⑤ 救:利用已经学过的一些救助知识,组织大家自救和互救,尤其对受雷击严重者要进行及时抢救。

⑥ 保:除了个人保护外,还应利用社会防灾保险,以减少个人和单位的经济损失。

2. 预防雷击事故的措施

(1) 防直击雷。

防直击雷的主要措施是在建筑物上安装避雷针、避雷网、避雷带等。在高压输电线路上方安装避雷线。一套完整的防雷装置包括接闪器、引下线和接地装置。上述的针、线、网、带实际上都只是接闪器。接闪器的工作原理是利用其高出被保护物的突出地位,把雷击引向自身,然后通过引下线和接地装置把雷击电流泄入大地,以此使被保护物免遭雷击。

(2) 防雷击感应。

为了防止静电感应产生的高压,应将建筑物的金属设备、金属管道结构钢筋等接地。另外,建筑物屋顶也应妥善接地。对于钢筋混凝土屋顶,应将屋面钢筋网络连成通路并接地;对于非金属屋顶,应在屋顶加装金属网络并接地。

(3) 防雷击侵入波。

为了防止雷击侵入波沿低压线路进入室内,低压线路最好采用地下电缆供电,并将电缆的金属外皮接地。采用架空线供电时,在进户外装设一组低压阀型避雷器或留 $2\sim3$ mm 的保护间隙,并与绝缘子铁脚一起接地。接地装置可以与电气设备的接地装置并用,接地电阻不得大于 $5\sim30$ Ω。

(4) 新型防雷装置。

雷击是一种严重的自然灾害,目前世界各国专家都在研究消除雷击的新技术,以提高防雷的效率,经过多年努力,发明了一些新型防雷装置,例如电离防雷装置、放射性同位素避雷针、高脉冲避雷针、激光防雷装置以及半导体少长针消雷器(SLE)等。这些新型防雷装置效果如何,还要靠时间来验证。

3. 避免户外的雷击

（1）遇到突然的雷雨，可以蹲下，降低自己的高度，同时将双脚并拢，以减轻跨步电压带来的危害。因为雷击落地时，会沿着地表逐渐向四周释放能量，此时，行走过程中人的前脚和后脚之间就可能因电位差不同而在两步间产生一定的电压。

（2）不要在大树底下避雨。因为雨后大树潮湿的枝干相当于一个引雷装置，如果用手扶大树，就和用手扶避雷针危害一样大，所以在打雷时最好至少离大树 5 m 远。

（3）不要在水体（江、河、湖、海、塘、渠等）、洼地附近停留，要迅速到附近干燥的住房中去避雨；山区找不到房子，可以到山岩或者山洞中避雨。

（4）不要拿着金属物品在雷雨中停留。因为金属物品属于导电物质，在雷雨天气中有时会有引雷的作用。随身所带的金属物品，应该暂时放在至少 5 m 以外的地方，等雷击停止后再拾回。

（5）不要触摸或者靠近防雷接地线，自来水管、用电器的接地线，大树树干等可能因雷击而带电的物体，以防接触电压、接触雷击或者旁侧闪击。

（6）雷暴天气出门时，在户外最好不要接听或拨打手机，因为手机的电磁波也会引雷。

（7）雷暴天气出门，最好穿胶鞋，这样可以起到绝缘的作用。

（8）切勿站立于山顶、楼顶或接近其他导电性高的物体。

（9）切勿游泳或从事其他水上运动，以及进行室外球类运动，应离开水面和空旷场地，寻找地方躲避。

（10）在旷野无法躲入有防雷设施的建筑物内时，应远离树木和桅杆。

（11）在空旷场地不宜打伞，不宜把羽毛球拍、高尔夫球棍等扛在肩上。

（12）不宜开摩托车、骑自行车赶路，打雷时切忌狂奔。

（13）油罐车可以在车后面拖一条铁链来防雷击。

（14）人乘坐在车内一般不会遭遇雷击袭击，因为汽车是一个封闭的金属体，具有很好的防雷功能。乘车遭遇打雷时千万不要将头、手等伸出车外。

（15）为了防止反击事故和跨步电压伤人，要远离建筑物的避雷针及其接地引下线。

（16）要远离各种天线、电线杆、高塔、烟囱、旗杆，如有条件应进入有宽大金属构架、有防雷设施的建筑物或金属壳的汽车和船只，但是帆布篷车、拖拉机、摩托车等在发生雷击时是比较危险的，应尽快离开。

（17）应尽量离开山丘、海滨、河边、池旁等。

（18）雷雨天气尽量不要在旷野里行车，如果有急事需要赶路时，要穿塑料等不浸水的雨衣；要走得慢些，步子小点；不要骑在牲畜或自行车。人在遭受雷击前，会突然有头发竖起或皮肤颤动的感觉,这时应该立刻倒在地上,或选择低洼处蹲下,双脚并拢,双臂抱膝,头部下俯,尽量缩小暴露面。

4. 预防室内的雷击

(1) 打雷时,首先要做的就是关好门窗,防止雷直击室内或者防止球形雷飘进室内。

(2) 在室内也要离开进户的金属水管和与屋顶相连的下水管等。

(3) 雷雨天气时,人体最好离开可能传来雷击侵入波的线路和设备 1.5 m 以上。也就是说,尽量不要拨打、接听电话或使用电话上网,应拔掉电源和电话线及电视天线等可能将雷击引入的金属导线。稳妥科学的办法是在电源线上安装避雷器并做好接地措施。

(4) 房屋无防雷装置的,在室内最好不要使用任何家用电器,包括电视机、收音机、计算机、有线电话、洗衣机、微波炉等,最好拔掉所有的电源插头。

(5) 电视机的室外天线在雷雨天要与电视机脱离,而与接地线连接。

(6) 保持屋内干燥,房子漏雨时,应该及时修理好。

(7) 进户电源线的绝缘子铁脚应做接地处理,三相插座应连好接地线。

(8) 晾晒衣服、被褥等用的铁丝不要拉到窗户、门口,以防铁丝引雷事件发生。

(9) 不要在孤立的凉亭、草棚和房屋中避雨久留,注意避开电线,不要站立在灯泡下,最好是断电或不使用电器。

(10) 不要穿潮湿的衣服,不要靠近潮湿的墙壁。

(11) 不要靠近室内的金属设备如暖气片、自来水管、下水管等。

(12) 要尽量离开电源线、电话线、广播线,以防止这些线路和设备对人体的二次放电。

(13) 在雷雨天气不要使用太阳能热水器洗澡。

6.5.3 雷击事故处置和救治措施

1. 雷击灼伤的急救处理

雷击人体时的电流热效应可引起电灼伤。不过,电灼伤与一般烧伤不同,会导致电休克,如意识丧失、头晕、恶心、心悸、耳鸣、乏力等现象出现,重者可发生呼吸、心跳骤停,还有雷击后较迟出现的白内障及神经系统的损伤等。

如果遭受雷击者衣服着火,可往其身上泼水,或用厚外衣、毯子将其身体裹住以扑灭火焰。着火者切勿惊慌奔跑,可在地上翻滚以扑灭火焰,或趴在有水的洼地、池中熄灭火焰。其他人注意观察遭受雷击者有无意识丧失和呼吸、心跳骤停现象,先进行心肺复苏抢救,再处理电灼伤创面。

电灼伤创面的处理:用冷水冷却伤处,然后盖上敷料,例如,把清洁手帕盖在伤口上,再用干净布块包扎。若无敷料可用清洁床单、衣服等将伤者包裹后转送医院。如当地无条件治疗,需要转送伤者,应掌握运送时机,要求伤者呼吸畅通,无活动性出血,休克基本得到控制,转运途中要输液,并采取抗休克措施,且注意减少途中颠簸。

2. "假死"以及人工呼吸

受伤者被雷击的电灼伤只是表面现象,最危险的是雷击对心脏和呼吸系统的伤害。通常被雷击中的受伤者,常常会心脏突然停跳、呼吸突然停止,这可能是一种雷击"假死"的现象。要立即组织现场抢救,使受伤者平躺在地,进行口对口的人工呼吸,同时要做心外按摩。如果不及时抢救,受伤者就会因缺氧死亡。另外,要立即呼叫急救中心,由专业人员对受伤者进行有效的处置和抢救。

6.6　中暑事故及其预防

6.6.1　中暑事故

1. 中暑事故的概念

中暑是指人在烈日或高温环境里,体内热量不能及时散发,引起体温调节机能障碍,或因大量出汗使体内失盐,血液浓缩,黏稠度增大,以致皮肤与肌肉内血管扩张引起血压下降及脑部缺血的一种病症。中暑轻者经救治数小时可恢复(见图 6-4),重者如救治不当可能死亡。因中暑造成的人员伤亡称为中暑事故。

图 6-4　中暑事故示意图

2. 中暑事故的成因

人体的正常体温恒定在 37 ℃左右,人的下丘脑体温调节中枢能调节产热与散热使之平衡。当周围环境温度超过皮肤温度时,散热主要靠出汗,以及皮肤和肺泡表面的蒸发。人体还可通过血液循环,将深部组织的热量通过扩张的皮肤血管散热,因此经过皮肤血管的血流越多,散热就越多。如果产热大于散热或散热受阻,体内有过量热蓄积,就可能发生中暑。中暑的成因大致有以下几个方面。

1) 环境因素

气温、湿度、气流和太阳辐射四个气象因素与中暑事故的发生关系十分密切。在正常情况下,人体通过传导、蒸发、对流和辐射四种途径散热,如果气温超过皮肤温度(32～35 ℃),人体则不能通过传导、对流和辐射散热,反而从外界受热,这时汗液蒸发便成为散热的唯一途径,此时一旦气流减弱,空气湿度增大,汗液蒸发就非常困难,人体散热将受到阻碍,因此无风的高温高湿天气,也就是我们常说的"桑拿天",最易导致中暑。另外,即使是风和日丽的天气也会由于太阳光的强辐射使人大量受热导致中暑。

2) 活动强度

内热性产热过度增加是中暑的另一个重要成因,高强度的体力活动使短时间内代谢热率急剧增加,可大大超过机体的散热能力和外界的冷却能力,同时心血管系统负荷剧增,体热大量集聚,体温迅速升高,心血管功能紊乱而导致中暑。部队在急行军及长途奔袭、冲锋及攻占高地、抢修工事或从事较重体力劳动时,由于防暑降温措施不当极易发生中暑事故。

3) 身体状况

对热气候不适应或身体虚弱的人群也容易中暑。非热区部队突然调驻热区,由于对热环境不适应,特别是北方籍战士容易中暑。少数体质较弱或大病初愈以及患有严重皮肤病或心、肾、肝等慢性病者也容易中暑。

4) 水盐补给

在炎热气候条件下,若水盐补给不足,导致机体缺水影响体温调节,并加重心血管系统负担,也会引起中暑。

3. 中暑事故的分类

1) 先兆中暑

在高温环境下,中暑者出现头晕、眼花、耳鸣、恶心、胸闷、心悸、无力、口渴、大汗、注意力不集中、四肢发麻等身体反应,此为中暑的先兆表现,此时人体体温正常或稍高,一般不超过 37.5 ℃,若及时采取措施如迅速离开高温现场等,多能阻止中暑的发展。

2）轻度中暑

中暑者除有先兆中暑表现外,还有面色潮红或苍白、呕吐、气短、皮肤热或湿冷、脉搏细弱、心率增快、血压下降等呼吸、循环衰竭的早期表现,此时中暑者体温超过 38℃。

3）重度中暑

中暑者除有先兆中暑、轻度中暑的表现外,还伴有昏厥、昏迷、痉挛或高热。重度中暑还可继续分为:

（1）中暑高热,又称热射病,由体温调节中枢功能失调、散热困难、体内积热过多所致。中暑者开始有先兆中暑症状,之后出现头痛、不安、嗜睡,甚至昏迷、面色潮红、皮肤干热、血压下降、呼吸急促、心率快,体温在 40 ℃以上。

（2）中暑衰竭,又称热衰竭,由大量出汗发生水及盐类丢失引起血容量不足所致。中暑者临床表现为面色苍白、皮肤湿冷、脉搏细弱、血压降低、呼吸快而浅、神志不清、腋温低,肛温在 38.5 ℃左右。

（3）中暑痉挛,又称热痉挛,由大量出汗后只饮入大量的水而未补充食盐,血钠及氯降低所致。中暑者口渴、尿少、肌肉痉挛及疼痛,体温正常。

（4）日射病,由过强阳光照射头部,大量紫外线进入颅内,引起颅内温度升高（可达41～42 ℃）,出现脑及脑膜水肿、充血所致。中暑者有剧烈的头痛、头晕、呕吐、耳鸣、眼花、烦躁不安、意识障碍表现。严重者发生抽搐昏迷,体温可轻度升高。

上述情况以热射病最为严重,以热衰竭较为常见,但往往合并出现。

6.6.2　中暑事故预防

1. 保障必备药品

夏日训练要备好防暑药品,如十滴水、仁丹、风油精、万金油等一定要备在身边,作应急之用。有条件的最好涂抹防晒霜,准备充足的水和饮料。如果长时间在烈日下劳作,要戴草帽、打伞遮阳并注意定时休息。

2. 保证必需的饮水

最理想的是根据气温的高低,每天喝 1.5～2 L 水。出汗较多时可适当补充一些盐水,弥补人体因出汗而失去的盐分。喝盐水时,要少量、多次,才能起到预防中暑的作用。另外,夏季人体容易缺钾,使人感到倦怠疲乏,含钾茶水是极好的消暑饮品。夏天的时令蔬菜,如生菜、黄瓜、西红柿等的含水量较高;新鲜水果,如桃子、杏、西瓜、甜瓜等水分含量也较高,都可以用来补充水分。另外,乳制品既能补水,又能满足身体的营养之需。

3. 保持必要睡眠

夏天日长夜短,气温高,人体新陈代谢旺盛,消耗也大,容易感到疲倦。充足的睡眠,可使大脑和身体各系统都得到放松,既利于工作和学习,也是预防中暑的措施。最佳就寝时间是 22 时至 23 时,最佳起床时间是 5 时 30 分至 6 时 30 分。睡眠时注意不要躺在空调的出风口和电风扇下,以免患上"空调病"和热伤风。

6.6.3 中暑事故处置和救治措施

1. 对先兆中暑和轻中度中暑者的救治

(1) 使患者脱离高温作业环境,到阴凉、安静处休息,可以在额头、太阳穴部位涂抹清凉油、风油精等;可喝些饮料,如冷盐糖水、菊花茶或其他茶水、果汁饮料等,也可用十滴水、仁丹、藿香正气水等解暑药。

(2) 症状较重尚无严重危险、神志清醒者,可在其头、颈、腋下和腹沟处放置冰袋降温;有条件者可开电扇、于室内放冰或将患者置于空调室内降温(使室温保持在 22～25 ℃);或者将患者放置于冷水内浸泡(水温在 15～16 ℃),使患者采取坐卧位,头露出水面,扶持患者使其体位固定,给胸、腹、肢体按摩,以利皮肤散热,待患者体温达 37.5 ℃时可停止冷水浸浴。

(3) 可采用以下方法解暑:

① 绿豆 60 克,丝瓜花 8 朵,熬清汤 1 碗(绿豆烂熟后再放丝瓜花),顿服,有清热解暑之效。

② 丝瓜、甘蔗各适量,去皮切碎,用纱布绞取双汁,随即饮服,有清热、解暑、生津之效。

③ 冬瓜一个,洗净切碎,捣烂取汁后饮服,有消暑、除烦、安神之效。

④ 取新枇杷叶、竹叶、芦根各 20 克,煎汤冷饮,有清热、生津、止痉之效。

⑤ 取山楂 40 克,荷叶 12 克,煎汤作茶饮,有解暑、清脑、明目之效。

2. 对重度中暑者的救治

除遵循先兆中暑和轻中度中暑者救治原则外,还应采取以下紧急救治措施。

(1) 移:将患者移至阴凉通风处,同时垫高头部,解开衣裤,以利呼吸和散热。

(2) 敷:头部先用温水敷,之后改用冷水、凉水或酒精敷。

(3) 饮:饮用含盐饮料,静脉滴注生理盐水 500～1000 mL。

(4) 针:体温高达 40 ℃以上,出现昏迷、抽搐等中暑症状者,迅速针刺或指压人中、内关、足三里、十宣等穴位。还可静脉滴注 5‰糖盐水。

（5）擦：因高温、高湿、无风，身体散热困难，可用冷水或冰水擦浴使皮肤发红，体表盖以湿毛巾，头部及大血管分布区放置冰袋，还可用药物降温，如氯丙嗪、氢化可的松或地塞米松等。

救治时应注意测量患者体温，或观察患者的脉搏率。若脉搏率在每分钟 110 次以下，则表示体温尚可；若达到每分钟 110 次以上，应停止使用降温的各种方法，观察约 10 min 后，若体温继续上升，再重新降温。患者恢复知觉后，可饮用盐水，但不能摄入刺激物。

6.7　户外实习期间溺水事故及其预防

6.7.1　溺水的状态

溺水（见图 6-5）是指人淹没于水或其他液体中，水与污泥、杂草等物堵塞呼吸道和肺泡，或因咽喉、气管发生反射性痉挛，引起窒息和缺氧。肺泡失去通气、换气功能，使机体处于危急状态，由此导致呼吸、心搏停止而致死亡，称溺死。根据溺水时间的不同，溺水可以分为以下两种状态。

图 6-5　户外溺水事故示意图

（1）轻度和中度状态：伤者在落水片刻可能吸入或吞入少量的液体，有反射性呼吸暂停，神志清楚，血压升高，心率加快，肤色正常或稍苍白，结膜充血。

（2）重度状态：伤者溺水 3～4 min，被救后已处于昏迷状态；由于窒息，患者面色青紫或苍白，面部肿胀，眼球凸出，四肢厥冷，测不到血压，口腔、鼻腔和气管充满血性泡沫，可有抽搐；呼吸、心搏微弱或停止。

6.7.2 溺水案例

案例 1:2020 年 3 月 9 日,海南某中学两名初三学生到河边钓鱼,不慎落水溺亡。

案例 2:2020 年 9 月 4 日,福建某中学两名学生私自到河边游泳,不慎溺水身亡。

6.7.3 溺水防护措施

1. 防溺水"四不要"

(1) 不要独自下水游泳。

(2) 不要在未设置警示标识的水域游泳。

(3) 不要在没有安全保障的地方和野外的水域游泳。

(4) 不要在水源周边戏水。

2. 防溺水"六不准"

(1) 不准私自下水游泳。

(2) 不准擅自与他人结伴游泳。

(3) 不准学生在无同伴陪同的情况下游泳。

(4) 不准学生在无安全设施、无救护人员的水域游泳。

(5) 不准到不熟悉的水域游泳。

(6) 不准不会水性的学生私自下水施救。

6.7.4 溺水时的救助方法

1. 会游泳时的自救方法

(1) 不要慌张,发现周围有人时立即呼救。

(2) 头部浮出水面,用脚踢水,防止体力丧失,等待救援。

(3) 身体下沉时,可将手掌向下压。

(4) 如果在水中突然抽筋,又无法靠岸时,立即求救。如周围无人,可深吸一口气潜入水中,伸直抽筋的那条腿,用手将脚趾向上扳,以解除抽筋。

2. 不会游泳时的自救方法

(1) 不会游泳的人最好的自救方法就是提前预防。河边石块上的青苔、松软的泥土都有可能是导致落水的因素,应警惕。

如若不慎落水,应保持冷静,尽可能放松身体让自己保持漂浮或者借助身边漂浮物帮助自己漂浮。

（2）换气时,呼气要浅,吸气要深。

（3）被救援时,需要镇定配合救援人员,不乱挣扎,不猛拽。

3. 发现有人溺水时的救助方法

（1）可将救生圈、竹竿、木板等物抛给溺水者,再将其拖至岸边;若没有救护器材,可入水直接救护。接近溺水者时要转动他的髋部,使其背向自己然后拖运。拖运时通常采用侧泳或仰泳拖运法。

（2）特别强调:不会游泳者发现有人溺水,不能贸然下水营救,应立即大声呼救,或利用救生器材施救。救人也要在自己能力范围之内进行!

6.7.5　不宜游泳的情况

（1）单身一人不宜外出游泳。

（2）身体患病者不要去游泳,中耳炎、皮肤病、肝肾疾病、心脏病、眼病等慢性病患者及感冒、发烧、精神疲倦、身体无力者都不要去游泳,以免加重病情,发生意外。

（3）参加强体力劳动或剧烈运动后,满身大汗时不要立即跳进水中游泳,否则易引起抽筋、感冒等疾病。

（4）被污染的水域、水况不明的江河湖泊不宜游泳。

（5）恶劣天气如雷雨、乱风、天气突变等情况下,也不宜游泳。严密防范,坚决遏制溺水事故发生。

6.7.6　其他知识（溺水误区）

误区一:溺水后都会大声呼喊? 我们在影视剧里看到溺水者总是双手乱挥,用力拍水,大声呼救,其实真正的溺水往往是无声的。

误区二:会游泳就不会溺水吗? 很多人认为只要会游泳,就不会发生危险,从而放松了警惕。其实从近年来发生的溺水事故看,多数溺水者都会游泳,但他们往往低估了隐藏在水下的危险,特别是在水库、池塘、河流等野外水域,在这些地方游泳,水草、碎石等可能会困住双脚,导致意外发生。并且游泳者的身体状况,如腿部抽筋、身体疲劳、空腹等也会让其无法正常游泳,从而导致溺水。我们应选择正规的游泳场所进行锻炼;在游泳前也要检查自身的身体状况,不要在空腹、疲惫等身体状况不适时游泳,同时要做好泳前热身。

误区三:手拉手就能救溺水者? 我们不时会在新闻上看到手拉手救人,最后却导致多人溺水的悲剧。我们都能理解,看到亲人或同伴突然溺水,我们的第一反应,可能都是自己去拉一把或拽一下,但这一拉往往是徒劳的,甚至还可能让自己溺水。救人的方式有多种,但这种手拉手救人的方式死亡率是最高的,因为结成"人链"后,一旦有人因体力不支而打破"平衡",就会导致多人落水。当遇到有人落水的紧急情况,我们要保持冷静,不要贸然实施救援,应立即拨打 110 报警电话,寻求专业救援人员的帮助。

6.7.7 专家答疑

1. 在野外溺水时该怎么自救?

当在野外溺水时,应该做到以下几点:

(1) 先憋气避免呛水,同时放松全身并去除身上重物。

(2) 做缩头、双手抱膝、膝贴胸的动作,身体就会慢慢上升到水面。

(3) 不会游泳者,采取仰面体位,头顶向后,口鼻露出水面,保持冷静,设法呼吸,等待他救。

(4) 会游泳者,当脚抽筋时,先改仰泳体位,用手抓住抽筋一侧的大脚趾用力往上方拉,使大脚趾翘起,持续用力,直至剧痛消失,痉挛也就停止了。当手抽筋时,自己将手指上下屈伸,并采取仰卧位,用两足划游。

(5) 他救时,借助物品或寻求专业人士帮忙,救护者应从溺水者背后接近,用一只手从背后抱住溺水者头颈,另一只手抓住溺水者手臂,游向岸边。救护时应防止被溺水者紧紧抱住。

(6) 上岸后应立刻评估溺水者的意识、呼吸和脉搏等生命体征。若无呼吸、心跳,立即进行心肺复苏,清除溺水者口、鼻中的杂草、污泥,保持呼吸道通畅;若已出现尸斑、腐烂、尸僵等明显的死亡征象,可放弃抢救。

(7) 施救时,将溺水者腹部置于抢救者屈膝的大腿上,头部向下,按压其背部迫使呼吸道和胃内的水倒出。也可将溺水者面朝下扛在抢救者肩上,上下抖动而排水,但不可因倒水时间过长而延误心肺复苏。

2. 溺水有什么并发症?

溺水的并发症有以下几点:

(1) 呼吸、心跳骤停:水从肺泡渗入血管引起血液稀释,血容量增加和溶血以及血钾的增高,导致伤者突然出现心跳、呼吸骤停。

(2) 肺水肿:溺水损伤的靶器官为肺脏,吸入肺里的液体会造成迷走神经介导的肺血管收缩和张力过高,液体很快通过肺泡毛细血管膜进入微循环,肺泡表面活性物质遭到破坏。肺泡不稳定、肺不张,伴有通气血液比例失调、肺顺应性降低,吸入液体导致气管痉挛,并导致低氧血症,低氧性神经元损伤会引起神经元性肺水肿。

（3）急性呼吸窘迫综合征:溺水后患者肺部被污水、污物等严重感染,肺在遭受内外袭击后出现以肺泡毛细血管损伤为主要表现的临床综合征,属于急性肺损伤。

（4）颅内高压:昏迷或心跳、呼吸停止者一般均有颅内高压,颅内压持续增高可导致血流量减少,加重受损脑组织的缺血性损伤。

（5）弥散性血管内凝血:溺水导致的缺氧会造成脑损害,使溺水者出现昏迷或者休克等症状,最后引起弥散性血管内凝血。

（6）严重的水电解质紊乱:淡水淹溺者有血液稀释和溶血的表现,海水淹溺者有血液浓缩和高血钾的表现,常表现为麻痹、心律失常等症状。

3. 如何预防溺水?

预防溺水的措施有以下几点:

（1）注意远离水池、湖水、涨潮的海边等深水区;

（2）学会游泳及呛水时的自救技巧,以防万一;

（3）在水域中游玩时可使用游泳圈,并在使用前检查游泳圈的安全性;

（4）家长带孩子在水边玩耍时,应看护好孩子,保护孩子的安全;

（5）冬天不要在水上滑冰。

习　题

1.什么是安全生产?

2.什么是职业安全?

3.什么是安全生产方针?

4.企业职工在劳动过程中因病伤亡,能否按工伤事故处理?

5.什么是安全生产"五同时"?

6.企业职工在安全方面要做到哪几条?

7.安全生产主要体现在生产过程中哪些方面?

8.怎样扑救气体火灾?

9.安全教育与培训应达到哪些要求?

10.生产安全事故按后果可分为哪几类?

11.什么是安全生产事故?

12.为什么要使用劳动防护用品?

13.什么是安全设备?

14.生产安全事故的应急救援体系主要包括哪些内容?

第7章 材料实验室消防安全及应急预案

学校、二级单位和实验室应建立应急预案和应急演练制度,定期开展应急知识学习、应急处置培训和应急演练,保障应急人员、物资、装备和经费,保证应急功能完备、人员到位、装备齐全、响应及时,保证实验防护用品与装备、应急物资的有效性。

7.1 实验室火灾消防应急处理预案

为了有效预防、及时控制和消除学校内因消防安全等方面因素所引发的紧急突发事件,保障在校教职员工、在校学生的身体健康与生命安全,确保学校财产安全,维护正常的教学秩序,特制订本预案。

第一条 加强领导,成立防火领导小组

学校组织成立防火领导小组,负责领导和处理本预案下的突发事件。

组长:×××。

副组长:×××。

成员:×××。

1. 领导小组职责

(1)掌握师生思想动态,注意化解影响安全稳定工作的矛盾。

(2)对师生进行政治形势和维护稳定的宣传教育,提高师生维护校园安全的意识。

(3)把提高思想认识作为搞好安全防火的切入点,把严肃对待事故隐患当作管理工作的重中之重,抓落实。

2. 各职能部门工作职责

(1)按照"谁主管,谁负责"原则,各部门要重点做好安全稳定工作,实行维护稳定工作责任。

（2）要把防火作为安全工作重点，树立保证安全也是服务的重要目标，做到持之以恒，警钟长鸣。

（3）要加强对住宿学生进行安全防火教育，把安全教育寓于各项活动之中，在新生入学、新学期开学时进行广泛的宣传教育，在节假日和特殊时期进行有针对性的提示教育。

（4）各部门要认真贯彻执行"谁主管、谁负责，谁在岗、谁负责"的原则，工作落实到位，抓好制度落实。

（5）各部门要加强安全教育，增强职工的消防意识，并通过会议、谈话等多种手段来增强职工的消防意识、忧患意识、防控意识，做到人人知消防、人人重消防。

第二条　可能引起学校火灾事故的原因

（1）电线老化、乱拉乱接临时线、违章使用电炉和其他电气设备、液化煤气和煤炉共用、实验操作不当、易燃易爆物品使用保管不当、违章动用明火、乱扔烟蒂等可能是引起学校火灾的主要原因。

（2）引起校园火灾的原因还有消防器材老旧、失效等。定期对消防器材进行检查和维护，对不符合要求的器材要及时更换，灭火器要及时更换灭火剂，抢修、抢救器材要处于良好待用状态，将防火、灭火建立在科学的技术保障条件下，将事故消除在萌芽状态。

第三条　预防措施

（1）校长是学校消防安全第一责任人，对本校的消防安全工作全面负责，根据消防法律、法规，结合实际制订学校消防安全管理制度，落实学校消防安全责任制。

（2）学校应当成立校义务消防队伍，学院应配备安全员，实验室应明确安全责任人，选拔身强力壮的老师担任队员（严禁组织学生参加）。制订学校防火计划，绘制防火平面图，教室门后挂紧急疏散路线图。学校每个楼层都要有两个通道，楼道悬挂应急灯，学生寝室门后挂紧急疏散路线图。

（3）学校应当按规定配备消防器材，指定专人负责消防器材、设备的维护与保养，经常检查和定期更换灭火器等。

（4）对师生员工进行消防安全教育，普及基本消防知识，使其学会正确使用灭火器材，掌握逃生方法和"三分钟"扑救。新生到校报到后的第一节课应当接受消防安全教育。

（5）加强检查，发现火灾隐患要及时整改。

（6）保持通道畅通，不堆杂物。

第四条　防火预案

发现火情后,要保持冷静,明辨方向和火势大小。火灾刚发生时,可视火势大小,用灭火器、自来水等在第一时间灭火,同时呼喊周围人员参与灭火和报警,迅速判断危险地点和安全地点,尽快搬离危险物品。值班教师首先引导学生疏散,要迅速用消防器材力争把火控制、扑灭在初期阶段,并立即在短时间到达现场,同时通知相关的各部门领导尽快增加援助人手。

如遇重大火情,工作人员根据火情发生的位置、扩散情况及危险的严重程度首先通知起火楼层,然后根据火情扩大附近区域,逐区域通知,并向学院及学校领导报告,由领导视火情情况决定是否向119报警,晚间和节假日由行政值班人员决定报警与否。

第五条　处理程序

一旦发生火灾,一般应按下列程序处理:

(1) 打"119"电话报警,同时向学院及学校突发事件处理小组办公室和业务科室报备。

(2) 立即切断着火楼的电源。

(3) 按照平时消防演练逃生的线路迅速疏散,同时由受过训练的教职工进行三分钟火灾紧急扑救,如三分钟不能扑灭明火,则迅速撤离。

(4) 如有伤者要及时送往区级以上医院救治,并及时通知家长或者家属。

(5) 在等待消防车到来期间,可组织学校教职工义务消防队在保证安全的前提下进行扑救。

(6) 灭火后应配合消防部门调查事故,追究责任,维护学校的利益,并协助处理善后事宜。

7.2　化学类实验室常见安全事故应急预案

为及时有效地预防和控制实验室重大安全事故的发生,最大限度地减少财产损失和环境污染,保障师生员工人身安全和健康,依据《中华人民共和国突发事件应对法》《关于加强实验室类污染环境监管的通知》《关于加强学校实验室化学危险品管理工作的通知》《危险化学品名录》等,结合化学类实验室的实际情况,特制订本应急预案。

第一条　实验室安全事故组织机构、职责、应急电话

1. 安全事故处理小组

由办公室、实验室组成实验室安全事故处理小组。

组长:实验室主任。

组员:各教研组长、实验室管理人员、相关人员。

2. 主要职责

(1)组织制订安全保障规章制度。

(2)保证安全保障规章制度有效实施。

(3)组织安全检查,及时消除安全事故隐患。

(4)负责现场急救的指挥工作。

(5)负责保护事故现场及相关数据。

(6)及时、准确上报安全事故。

3. 应急电话

火警电话:119。

匪警电话:110。

医疗急救电话:120。

第二条　实验室安全事故处理程序

(1)安全事故现场人员应作为第一责任人立即向实验室管理人员报告,实验室管理人员上报实验室主任和学院领导。

(2)实验室管理人员保护现场,并向实验室主任上报,再迅速向学校分管领导、学校主要领导和相关职能部门报告事故情况。

(3)在场的相关人员立即成立应急领导小组,根据安全事故的情况拨打校园 110,或向就近医院发出求救信息,并拨打 120 求助。

(4)实验室安全事故处理小组相关成员到达事故现场指挥抢救、抢险,把损伤、损失减少到最低限度。

第三条　实验室安全事故应急处理预案

1. 实验室化学性污染应急处理预案

(1)如果实验室发生有毒、有害物质泼溅到工作人员皮肤或衣物上的事故,应立即用自来水冲洗,再根据毒物的性质采取相应的有效处理措施。

(2)如果实验室发生有毒、有害物质泼溅或泄漏在工作台面或地面上的事故,应先用抹布或拖布擦拭,然后用清水冲洗或用中和试剂进行中和后用清水冲洗工作台面或地面。

（3）如果实验室发生有毒气体泄漏，应立即启动排气装置将有毒气体排出，同时打开门窗使新鲜空气进入实验室。如果有人吸入毒气，造成中毒，应立即抢救，将中毒者移至空气良好处使之能呼吸新鲜空气。

（4）经口中毒者，要立即刺激催吐，反复洗胃，洗胃时要注意吸附、微酸和微碱中和、水溶性和脂溶性以及保护胃黏膜的原则。

2. 实验室火灾应急处理预案

（1）发现火情，现场工作人员立即采取措施处理，防止火势蔓延并迅速报告。

（2）确定火灾发生的位置，判断火灾发生的原因，如压缩气体、液化气体、易燃液体、易燃物品、自燃物品等。

（3）明确火灾周围环境，判断是否有重大危险源分布，以及是否会导致更大灾难。

（4）明确救灾的基本方法，并采取相应措施，按照应急处置程序采用适当的消防器材进行扑救。对木材、布料、纸张、橡胶以及塑料等固体可燃材料的火灾，可采用水冷却法，但对珍贵资料、档案等火灾应使用二氧化碳、卤代烷、干粉灭火器灭火；对易燃可燃液体、易燃气体和油脂类等化学药品火灾，使用大剂量泡沫灭火剂、干粉灭火剂将液体火灾扑灭；对设备火灾，应切断电源后再灭火，因现场情况及其他原因不能断电，需要带电灭火时，应使用砂子或干粉灭火器，不能使用泡沫灭火器或水灭火；对可燃金属火灾，如镁、钠、钾及其合金等火灾，应用特殊的灭火器，如干砂或干粉灭火器等来灭火。

（5）依据可能发生的危险化学品事故类别、危害程度级别，划定危险区，对事故现场周边区域进行隔离和疏导。

（6）视火情拨打 119 报警电话求救，并到明显位置引导消防车。

3. 实验室爆炸应急处理预案

（1）实验室爆炸发生时，实验室负责人及相关人员在确保自身安全的情况下必须及时切断电源和管道阀门。

（2）所有人员应听从临时召集人的安排，有组织地通过安全出口或用其他方法迅速撤离爆炸现场。

（3）应急预案领导小组负责安排抢救工作和人员安置工作。

4. 实验室中毒应急处理预案

实验中若感觉咽喉灼痛、胃部痉挛或有嘴唇脱色、恶心、呕吐等症状时，则可能是中毒所致，应立即去医院治疗，不得延误。

（1）首先将中毒者转移到安全地带，解开领扣，使其呼吸通畅，让中毒者呼吸到新鲜空气。

（2）对误服毒物中毒者,须立即引吐、洗胃及导泻。若中毒者清醒而又合作,宜饮大量清水引吐,亦可用药物引吐。对引吐效果不好或昏迷者,应立即送医院用胃管洗胃。孕妇应慎用催吐方式救援。

（3）重金属盐中毒者,喝一杯含有几克 $MgSO_4$ 的水溶液,然后立即就医。不要服催吐药,以免引起危险或使病情复杂化。砷和汞化物中毒者,必须紧急就医。

（4）对吸入刺激性气体中毒者,应立即将患者转移中毒现场,给予 2％～5％碳酸氢钠溶液雾化吸入,吸氧。气管痉挛者应酌情用解痉挛药物雾化吸入。应急人员一般应配置过滤式防毒面罩、防毒服装、防毒手套、防毒靴等。

5. 实验室触电应急处理预案

（1）触电急救的原则是在现场采取积极措施保护伤员生命。

（2）触电急救,首先要使触电者迅速脱离电源,越快越好,触电者未脱离电源前,救护人员不准用手直接触及伤员。

（3）使伤者脱离电源的方法如下:

① 切断电源开关;

② 若电源开关较远,可用干燥的木棍、竹竿等挑开触电者身上的电线或带电设备;

③ 可用几层干燥的衣服将手包住,或者站在干燥的木板上,拉触电者的衣服,使其脱离电源。

（4）待触电者脱离电源后,应视其神志是否清醒采取不同措施。若神志清醒,应使其就地躺平,严密观察,暂时不要站立或走动;如神志不清,应就地仰面躺平,且确保气道通畅,并每隔 5 s 呼叫触电者或轻拍其肩膀,以判定其是否丧失意识,禁止摇动其头部。

（5）必要时应立即就地坚持用人工心肺复苏法正确抢救触电者,并设法联系校医务室接替救治。

6. 实验室化学灼伤应急处理预案

（1）强酸、强碱及其他一些化学物质具有强烈的刺激性和腐蚀作用,被这些物质引起灼伤时,应用大量流动清水冲洗伤处,再分别用低浓度（2％～5％）弱碱（强酸引起的）、弱酸（强碱引起的）进行中和。处理后,再依据情况而定,作下一步处理。

（2）化学物质溅入眼内时,在现场立即就近用大量清水或生理盐水彻底冲洗。冲洗时,眼睛置于水龙头上方,水向上冲洗眼睛,时间应不少于 15 min,切不可因疼痛而紧闭眼睛。处理后,再送医院治疗。

7. 玻璃器皿刺伤或切割伤及机械设备事故应急处理预案

（1）受伤人员马上脱下工作服,消洗双手和受伤部位,使用碘伏或酒精进行皮肤消毒,并立即进行救护,根据情况拨打 120 进行急救。记录受伤原因,保留完整的原始记录。

（2）若遇潜在危险性气体释放,所有人员必须立即撤离相关区域,立即通知相关负责人。为了使气体排出,在一定时间内（一小时内）严禁人员入内,并在门口张贴"禁止入内"的标志。

（3）当发现仪器运转异常时,应该立即停车检查。在故障没有查明、隐患未清除情况下,该设备不得投入运行,并通知其他师生停止使用该设备。

第四条　事故的总结整改及善后处理

（1）按照实事求是的原则,实验室与办公室同有关部门对事故进行调查,向学校领导做出书面事故情况报告。

（2）根据调查结果,对导致事件发生的有关责任人,依法追究责任。

（3）对安全事件反映出的相关问题、存在的安全隐患及有关人员提出的整改问题进行整改。加强经常性的宣传教育,防止安全事件的发生。

（4）根据安全事故的性质及相关人员的责任,认真做好或积极协调有关部门做好受害人员的善后工作。

第五条　不同类型应急事件的处理流程示意图(见图 7-1 至图 7-8)

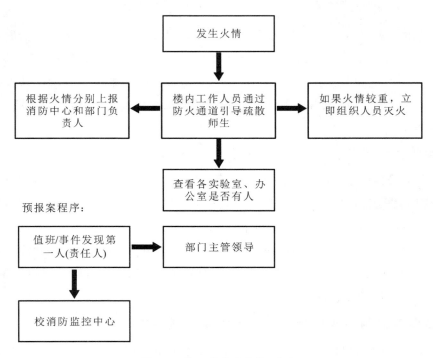

图 7-1　第一类突发事件:火灾

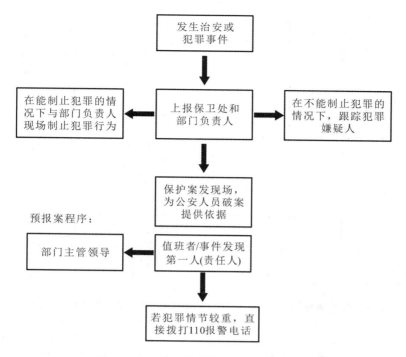

图 7-2 第二类突发事件:治安或犯罪事件

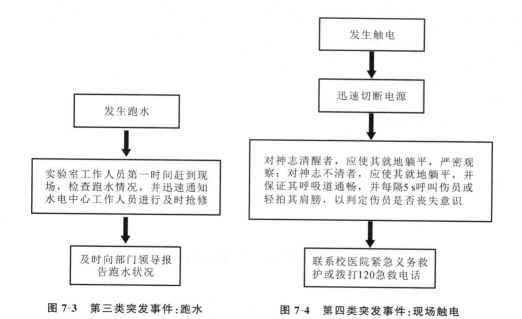

图 7-3 第三类突发事件:跑水

图 7-4 第四类突发事件:现场触电

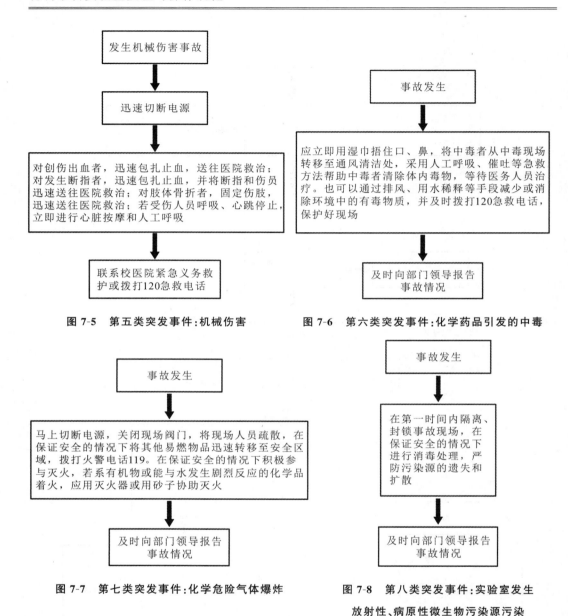

图 7-5 第五类突发事件：机械伤害

图 7-6 第六类突发事件：化学药品引发的中毒

图 7-7 第七类突发事件：化学危险气体爆炸

图 7-8 第八类突发事件：实验室发生放射性、病原性微生物污染源污染

7.3 实验室不合格现象

以下是日常消防检查中实验室存在的各种不合格现象（见图 7-9 至图 7-16）。

（1）日常检查未落实（三查：自查本每日检查、洗眼器每周检查、灭火器每月检查）。

（2）管制类化学试剂管理不规范（未严格执行双锁管理，无台账或台账记录不全）。

图 7-9　化学实验室未配洗眼器

图 7-10　灭火器无每月检查记录或灭火器过期

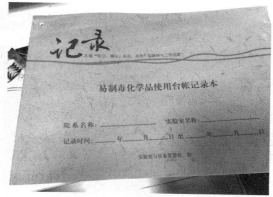

图 7-11　管制类化学试剂未严格执行双锁管理,无台账或台账记录不全

图 7-12　试剂柜外清单不规范、配置溶液无标签或标签不规范

图 7-13　使用过期气瓶、气瓶未固定、无状态牌、未佩戴瓶帽

图 7-14　温控设备内或周边存放易燃物品、超期服役

（3）化学试剂存放管理不规范（固液混放、氧化剂与还原剂未分区存放、试剂柜外无清单/清单不全/清单未及时更新/清单与柜内实际试剂不符、配置溶液无标签/标签不规范）。

（4）氢氟酸试剂未配备应急药品（葡萄糖酸钙软膏/凝胶）。

（5）实验室气体管理不规范（气瓶未固定、使用过期气瓶、未配备气体泄漏报警器）。

（6）实验室温控设备使用不规范（温控设备开启无人值守、温控设备内或周边存放有

图 7-15　配电箱被遮挡、乱拉电线、接线板串接使用

图 7-16　物品未收纳、做完实验未及时清理、积灰严重

易燃物品）。

（7）实验室用电管理不规范（配电箱被遮挡、乱拉电线、接线板串接使用）。

（8）实验室卫生脏乱（物品无收纳、做完实验未及时清理、积灰严重）。

7.4　实验室消防安全应急演练方案

1. 演练目的

消防安全应急演练的目的是通过模拟和演练火场疏散和逃生，增强师生的逃生意识和能力，提高实验中心管理人员、安全疏散工作人员组织处置的能力，同时为下一次实验中心应急疏散演练做准备，如图 7-17 所示。

图 7-17　实验室消防演练

2. 具体安排

（1）演练时间：××××年 9 月。

（2）演练地点：2 号实验室楼。

（3）参加人员：学院教师、学生。

3. 领导机构

成立实验中心应急疏散演练工作领导小组。

总指挥：××××。

副总指挥：×××。

成员：×××、×××、×××。

领导小组下设 4 个工作组，各组人员、职责如下。

1）应急指挥组

组长：×××。

成员：×××、×××、×××。

职责：制订演练方案，负责演练过程的协调指挥、信息的上传下达、对外联系等；编制演练主持稿；安排学生会宣传部成员现场摄像、拍照、撰写新闻稿；调试音响设备。

2）疏散引导组

组长：×××。

成员：×××、×××、×××。

职责：编制应急疏散演练参演学生点名表、应急疏散演练楼层引导员安排表，设立联系员；编制应急疏散演练楼层学生应急疏散示意图，引导、组织学生安全有序疏散，制作各类标识，负责志愿者培训、演练期间的学生点名、发放毛巾并协助做好参演学生的组织、管理、教育工作。

3）场地准备组

组长：×××。

成员：×××、×××、×××。

职责：划定、制作应急疏散演练集合区域示意图；布设演练场地，张贴标识，拉警戒线，模拟报警、接警、施放烟雾，拉响演练警报，维护演练秩序。

4）后勤保障组

组长：×××。

成员：×××、×××、×××。

职责：确保指挥区域用电正常；提前准备急救用品、药品，设立临时急救室对受伤学生进行救治（医务室人员），联系政办安排校车在地点候场送医。

4. 演练前期准备

1）清理疏散通道

演练前检查实验中心内所有通道、安全门，防止疏散通道被占用、安全门被上锁或堵塞。

2）确定疏散路线

根据实验楼的分布，按照就近疏散、合理分流原则，依照应急疏散演练楼层人员疏散方向示意图，明确各实验室人员疏散路线，安排参演人员在楼道模拟拥堵甚至踩踏事故。

3）加强宣传教育

演练前组织参演人员召开专题会议，一要向参演人员解读疏散演练方案，让各人员明确演练的必要性和基本步骤，熟悉演练程序、疏散信号、疏散路线、疏散顺序、疏散避险区域等。二要强调在演练过程中应集中精力，严禁使用手机拍照等，严禁开玩笑，严禁穿拖鞋、高跟鞋，特别是不得在行走过程中突然停顿捡丢失物品而导致踩踏事件发生。三要强调在演练过程中必须听从命令，服从指挥，防止拥堵、踩踏、碰撞等事件发生。

4）准备演练物品

演练前要提出演练经费申请计划，根据需要购置或准备演练所需烟雾发生器、警报器、场地标识、条幅、音响、药品等。

5. 演练程序

（1）演练前 30 min，工作人员、参演人员到指定区域集中，再次强调注意事项和安全事项，发放演练毛巾。

（2）演练前 15 min，疏散联络员、引导员进入指定位置，参演人员到达指定地点等待演练。

（3）演练前 10 min，指挥长检查各工作组人员及工作到位情况。

（4）第一轮演练开始。

① 宣布演练开始（指挥长）。

② 释放烟雾，模拟火场。

③ 拨打火警电话报警。

④ 接警。

⑤ 引导模拟消防车（拉响警报）到达实验楼。

⑥ 逐楼层下达疏散命令（指挥长—楼层联络员—引导员—参演实验室负责教师）。下达命令顺序：一层—二层—三层—四层—五层—六层。

⑦ 参演人员疏散。参演实验室负责教师向实验室内参演人员下达疏散命令，并组织参演人员用湿毛巾折叠捂住口鼻，快速有序按照规定路线低姿撤离；到每个楼梯口和楼梯间务必在引导员的指挥下，尽量靠右有序快速下楼逃生（左道留出，为专职救火人员向上通道）；到达底层后在引导员的指引下，到达避险区域有序站位。

疏散路线：实验室—楼梯口—底层安全门—避险区域。

疏散方向：待精确定位参演实验室后设定。

应急疏散用语：参演实验室负责教师用语如"大家不要乱，跟我来"；楼梯口联络员用语如"大家一个接着一个靠右撤离，不要拥挤，不要突然停顿"。

⑧ 清点人数（参演实验室负责教师—工作人员—指挥长）。

⑨ 集中点评（指挥长）。

6. 演练要求

（1）各参演人员要高度重视实验室应急疏散演练工作，达到增强参演人员逃生意识、提高应急疏散组织处置能力的目的。

（2）须提前召开全体工作人员会议，强调演练的重要性，解读消防疏散演练方案，熟悉演练程序，明确工作分工，做好各种准备，确保演练安全、有序、高效。

（3）各工作组要对照工作职责提前准备，事先组织全体工作人员岗前培训，学习方案，明确职责，并到现场进一步明确任务，演练期间要佩戴校徽或工作牌，确保任务顺利进行。

（4）参演学生所属辅导员务必要高度重视演练前对学生的宣传、教育工作,不走过场,防范事故发生;增强时间观念,确保演练按计划有序实施。

消防演练现场如图 7-18 所示。

图 7-18　消防演练现场

7.5　材料类实验室安全自查表

表 7-1 为材料类实验室安全自查表。

表 7-1　材料类实验室安全自查表

检查项目	检查内容	明　细
实验场所	张贴安全信息牌	每个房间门口挂有安全信息牌,信息包括安全风险点的警示标识、安全责任人、涉及危险类别、防护措施和有效的应急联系电话等。及时更新,确保与室内风险清单一致
	安全空间布局合理	面积超过 200 m² 的实验楼层至少有两处安全出口,面积 75 m² 以上的实验室要有两个出入口。 实验楼大走廊保证留有大于 1.5 m 净宽的消防通道。 实验室操作区层高不低于 2 m。 理工农医类实验室内多人同时进行实验时,人均操作面积不小于2.5 m²
	消防通道通畅	保持消防通道通畅,公共场所不堆放仪器和物品。 实验室内物品摆放井然有序,并保持环境整洁,无饮食、过夜
	实验室建设和装修应符合消防安全要求	实验操作台应选用合格的防火、耐腐蚀材料。 仪器设备安装符合建筑物承重荷载。 有可燃气体的实验室不设吊顶。 不用的配电箱、插座、水管水龙头、网线、气体管路等,应及时拆除或封闭。 实验室门上有观察窗,外开门不阻挡逃生路径。 实验室内有毒有害实验区应与学习区隔离
	房间均须配有应急物品	应急备用钥匙须集中存放、统一管理,应急时方便取用。 应急物品与危害因素匹配,易取用,无过期

检查项目	检查内容	明　细
实验场所	实验设备须做好减振、电磁屏蔽和降噪	容易产生振动的设备,须考虑采取合理的减振措施。 易对外产生磁场或易受磁场干扰的设备,须做好电磁屏蔽。 实验室噪声一般不高于 55 dB(机械设备噪声不高于 70 dB)
	实验室水、电、气管线布局合理	采用管道供气的实验室,输气管道及阀门无漏气现象,并有明确标识。供气管道有名称和气体流向标识,无破损。 高温、明火设备放置位置与气体管道有安全间隔距离。 实验室改造工程应经过审批后实施
	环境通风	涉及挥发性危化品、高压气体等的实验室,安装机械通风设备,能正常使用。 按需使用(机械通风或自然通风)
安全设施	消防设施	烟感报警器、灭火器、灭火毯、消防砂、消防喷淋等,应正常有效,方便取用。 灭火器种类配置正确,且在有效期内(压力指针位置正常等),保险销正常,瓶身无破损、腐蚀。 在显著位置张贴紧急逃生疏散路线图,疏散路线图的逃生路线应有二条(含)以上,路线与现场情况符合。 主要逃生路径(室内、楼梯、通道和出口处)有足够的紧急照明灯,功能正常,并设置有效标识指示逃生方向。 人员应熟悉紧急疏散路线及火场逃生注意事项(现场考查人员熟悉程度)
	应急喷淋与洗眼装置	应急喷淋和洗眼装置的区域有显著标识。 应急喷淋安装地点与工作区域之间畅通,距离不超过 30 m。应急喷淋安装位置合适,拉杆位置合适、方向正确。应急喷淋装置水管总阀为常开状态,喷淋头下方 410 mm 范围内无障碍物。 不能以普通淋浴装置代替应急喷淋装置。 洗眼装置接入生活用水管道,应至少以 1.5 L/min 的流量供水,水压适中,水流畅通平稳。 经常对应急喷淋与洗眼装置进行维护,无锈水、脏水,有检查记录
	通风系统	管道风机须防腐,使用可燃气体场所宜采用防爆风机。 实验室通风系统运行正常,柜口面风速为 0.35～0.75 m/s,定期进行维护、检修。 屋顶风机固定无松动,无异常噪声。 实验室排出的有害物质浓度超过国家现行标准规定的允许排放标准时,须采取净化措施,做到达标排放。 任何可能产生有毒有害气体而导致个人暴露或产生可燃、可爆炸气体或蒸汽而导致积聚的实验,都须在通风柜内进行。 实验时,通风柜可调玻璃视窗开至离台面 10～15 cm,保持通风效果,并保证在操作人员胸部以上部位。实验人员在通风柜进行实验时,避免将头伸入调节门内。不可将一次性手套或较轻的塑料袋等留在通风柜内,以免堵塞排风口。通风柜内放置的物品应距离调节门内侧 15 cm 以上,以免掉落。 不得将通风柜作为化学试剂存放场所,玻璃视窗材料应是钢化玻璃

检查项目	检查内容	明　细
安全设施	门禁监控	关注重点场所,如剧毒品、病原微生物、放射源存放点、核材料存放点等的管理。 监控不留死角,图像清晰,人员出入记录可查,视频记录存储时间不少于30 天。 停电时,电子门禁系统应是开启状态或者有备用机械钥匙
	实验室防爆	安装防爆开关、防爆灯等,安装必要的气体报警系统、监控系统、应急系统等。 可燃气体管道,应科学选用和安装阻火器。 采取有效措施,避免或减少出现危险爆炸性环境,避免出现任何潜在的有效点燃源。 使用适合的安全罩防护具有爆炸危险性的仪器设备
基础安全	用电规范	实验室配电容量、插头插座与用电设备功率须匹配,不得私自改装。 电源插座须有效固定。 电气设备应配备空气开关和漏电保护器。 不私自乱拉乱接电线电缆,禁止多个接线板串接供电,接线板不宜直接置于地面。 禁止使用老化的线缆、花线、木质配电板、有破损的接线板,电线接头绝缘可靠,无裸露连接线,穿越通道的线缆应有盖板或护套,不使用老国标接线板、插座。 大功率仪器(包括空调等)使用专用插座。 电器长期不用时,应切断电源。 配电箱前不应有物品遮挡并便于操作,周围不应放置烘箱、电炉、易燃易爆气瓶、易燃易爆化学试剂、废液桶等;配电箱的金属箱体应与箱内保护零线或保护地线可靠连接
	用水规范	水槽、地漏及下水道畅通,水龙头、上下水管无破损。 各类连接管(特别是冷却冷凝系统的橡胶管接口处)无老化破损。 各楼层及实验室的各级水管总阀须有明显的标识
	实验人员须配备合适的个人防护用品	进入实验室人员需穿着质地合适的实验服或防护服。 按需要佩戴防护眼镜、防护手套、安全帽、防护帽、呼吸器或面罩(呼吸器或面罩在有效期内,不用时须密封放置)等。 进行化学、生物安全和高温实验时,谨慎佩戴隐形眼镜。 操作机床等旋转设备时,不得穿戴长围巾、丝巾、领带等,长发须盘在工作帽内。 穿着化学、生物类实验服或戴实验手套,不得随意进入非实验区
	个人防护用品合理存放	在紧急情况下使用的个人防护器具应分散放于安全场所,以便于取用,存放地点有明显标识
	检查培训及维护记录	各类个人防护用品的使用有培训及定期检查维护记录
	安全联防	危险性实验(高温、高压、高速运转)不脱岗,强电实验、易燃易爆有毒气体实验、起重实验、通宵实验等须 2 人在场,并有事先审批制度

检查项目	检查内容	明　细
化学安全	危险化学品储存	危险化学品储存区须有通风、隔热、避光、防盗、防爆、防静电、泄漏报警、应急喷淋、安全警示标识等措施或标识,符合相关规定,由专人管理。 危险化学品储存区的消防设施符合国家相关规定,正确配备灭火器材(如灭火器、灭火毯、沙箱、自动喷淋设备等)。 危险化学品储存区不能建设在地下或半地下,不得建设在实验楼内。若只能在实验楼内存放,则应符合实验室的标准要求。 危险化学品储存区的试剂不能混放,整箱试剂的叠加高度不大于 1.5 m
	危险化学品购置	危险化学品须向具有生产经营许可资质的单位进行购买,查看相关供应商的经营许可资质证书复印件。 剧毒品、易制爆品、易制毒品、爆炸品的购买程序合规:购买前须经学校审批,报公安部门批准或备案后,向具有经营许可资质的单位购买,并保留报批及审批记录。建立购买、验收、使用等台账资料。不得私自从外单位获取管制类化学品,也不得给外单位或个人提供管制化学品。 购买麻醉药品、精神药品等前须向食品药品监督管理部门申请,报批同意后向定点供应商或者定点生产企业采购
	实验室化学品存放	建立实验室危险化学品动态台账,并有危险化学品安全技术说明书(SDS)或安全周知卡,方便查阅。 定期清理废旧试剂,无累积现象。 化学品有专用存放空间并科学有序存放,储藏室、储藏区、储存柜等应通风、隔热,避免阳光直射。易泄漏、易挥发的试剂存放设备与地点应保证充足的通风。试剂柜中不能有电源插座或接线板。化学品有序分类存放,固体、液体不混乱放置,互为禁忌的化学品不得混放,试剂不得叠放。有机溶剂储存区应远离热源和火源。装有试剂的试剂瓶不得开口放置。实验台架无挡板不得存放化学试剂。配备必要的二次泄漏防护、吸附或防溢流功能。 实验室内存放的危险化学品总量符合规定要求:危险化学品(不含压缩气体和液化气体)原则上不应超过 100 kg 或 100 L,其中易燃易爆性化学品的存放总量不应超过 50 L 或 50 kg,且单一包装容器不应大于 20 L 或 20 kg(以 50 m^2 为标准,存放量以实验室面积比考量)。常年大量使用易燃易爆溶剂或气体需加装泄漏报警器;储存部位应加装常时排风或与检测报警联动排风装置。 化学品标签应显著、完整、清晰,化学品包装物上须有符合规定的化学品标签。当化学品由原包装物转移或分装到其他包装物内时,转移或分装后的包装物应及时重新粘贴标识。化学品标签脱落、模糊、腐蚀后应及时补上,如不能确认,则以不明废弃化学品处置。 其他化学品存放问题:装有配制试剂、合成品、样品等的容器上标签信息明确,标签信息包括名称或编号、使用人、日期等。无使用饮料瓶存放试剂、样品的现象,如确需使用,必须撕去原包装纸,贴上试剂标签。不使用破损量筒、试管、移液管等玻璃器皿

检查项目	检查内容	明 细
化学安全	实验操作安全	制订危险实验规程、危险化工工艺指导书、各类标准操作规程(SOP)、应急预案,指导书和预案上墙或便于取阅,实验人员熟悉实验所涉及的危险性及应急处理措施,按照指导书进行实验。 涉及危险化工工艺、重点监管危险化学品的反应装置应设置自动化控制系统。 涉及放热反应的危险化工工艺生产装置应设置双重电源供电或控制系统应配置不间断电源。 产生有毒有害废气的实验须在通风橱/柜中进行,并在实验装置尾端配有气体吸收装置,操作者佩戴合适有效的呼吸防护用具
化学安全	管制类化学品管理	剧毒化学品执行"五双"管理(即双人验收、双人保管、双人发货、双把锁、双本账),技防措施符合管制要求。单独存放,不得与易燃、易爆、腐蚀性物品等一起存放。有专人管理并做好贮存、领取、发放情况登记,登记资料至少保存1年。防盗安全门应符合 GB 17565 的要求,防盗安全级别为乙级(含)以上,防盗锁应符合 GA/T 73 的要求,防盗保险柜应符合《防盗保险柜》的要求,监控管控执行公安要求。 易制毒化学品储存规范,台账清晰,应设置专用存储区或者专柜储存并有防盗措施。第一类易制毒化学品、药品类易制毒化学品实行双人双锁管理,账册保存期限不少于 2 年。 易制爆化学品存量合规,双人双锁保管。 存放场所出入口应设置防盗安全门或存放在专用储存柜内,储存场所防盗安全级别应为乙级(含)以上,专用储存柜应具有防盗功能,符合双人双锁管理要求,台账账册保存期限不少于 1 年。 麻醉药品和第一类精神药品管理符合"双人双锁",有专用账册,设立专库或者专柜储存,专库应当设有防盗设施并安装报警装置,专柜应当使用保险柜,专库和专柜应当实行双人双锁管理。配备专人管理并建立专用账册。专用账册的保存期限应当自药品有效期期满之日起不少于 5 年。 爆炸品单独隔离、限量存储,使用、销毁按照公安部门要求执行,收存和发放民用爆炸物品必须进行登记,做到账目清楚,账物相符
气体安全	气瓶记录	从合格供应商处采购实验气体,建立气体(气瓶)台账。 有气瓶清单及更换流水(气瓶暂存间或存放 5 瓶以上气体的),及时清理过期气瓶

检查项目	检查内容	明 细
气体安全	气体的存放	气体(气瓶)存放点须通风、远离热源、避免暴晒,地面平整干燥。 气瓶应合理固定。 危险气体气瓶尽量置于室外,室内放置应使用常时排风且带监测报警装置的气瓶柜。 气瓶的存放应控制在最小需求量。 涉及有毒、可燃气体的场所,配有通风设施和相应的气体监测与报警装置等,张贴必要的安全警示标识。 可燃性气体与氧气等助燃气体气瓶不得混放。 独立的气体气瓶室应通风,不混放,有监控,有专人管理和记录。 有供应商提供的气瓶定期检验合格标识,无超过检验有效期的气瓶,无超过设计年限的气瓶。 气瓶颜色符合 GB/T 7144《气瓶颜色标志》的规定要求,确认"满、使用中、空瓶"三种状态。 使用完毕,应及时关闭气瓶总阀。 气瓶附件齐全
	气体报警装置	存有大量无毒窒息性压缩气体或液化气体(液氮、液氩)的较小密闭空间,为防止大量泄漏或蒸发导致缺氧,须安装氧含量监测报警装置
	气体管路	管路材质选择合适,无破损或老化现象,定期进行气密性检查;存在多条气体管路的房间须张贴详细的管路图,管路标识正确
特种设备	压力容器使用登记、相关人员资格	盛装气体或者液体、承载一定压力的密闭设备,其内气体、液化气体最高工作压力大于或者等于 0.1 MPa(表压),最高工作温度高于或者等于标准值。 沸点的液体、容积大于或者等于 30 L 且内径(非圆形截面指截面内边界最大几何尺寸)大于或者等于 150 mm 的固定式容器和移动式容器,以及氧舱,须取得"特种设备使用登记证"。设备铭牌上标明为简单压力容器不需办理。 快开门式压力容器操作人员、移动式压力容器充装人员、氧舱维护保养人员、特种设备安全管理员应取得相应的"特种设备安全管理和作业人员证",持证上岗,并每 4 年复审一次
	压力容器定期检验	委托有资质单位进行定期检验,并将定期检验合格证置于特种设备显著位置。 安全阀或压力表等附件须委托有资质单位定期校验或检定
	压力容器使用管理	设置安全管理机构,配备安全管理负责人、安全管理人员和作业人员,建立各项安全管理制度,制订操作规程。 实验室应经常巡回检查,发现异常及时处理,并做好记录。 建立压力容器自行检查制度,对压力容器本体及其安全附件、装卸附件安全保护装置、测量调控装置、附属仪器仪表进行经常性维护保养,每月至少进行 1 次月度检查,每年至少进行 1 次年度检查,并做好记录。 简单压力容器也应建立设备安全管理档案。 盛装可燃、爆炸性气体的压力容器,其电气设施应防爆,电器开关和熔断器都应设置在明显位置。室外放置大型气罐应注意防雷

检查项目	检查内容	明　细
特种设备	压力容器的使用年限及报废	达到设计使用年限的压力容器应及时报废。未规定设计使用年限,但是使用超过 20 年的压力容器视为达到使用年限,如若超期使用必须进行检验和安全评估
	起重设备须取得"特种设备使用登记证"	额定起重量大于或者等于 0.5 t 的升降机,额定起重量大于或者等于 3 t 或额定起重力矩大于或者等于 40 t·m 的塔式起重机,生产率大于或者等于 300 t/h 的装卸桥,提升高度大于或者等于 2 m 的起重机,层数大于或者等于 2 层的机械式停车设备,须取得"特种设备使用登记证"
	起重机械作业人员、检验单位须有相关资质	起重机指挥、起重机司机须取得相应的"特种设备安全管理和作业人员证",持证上岗,并每 4 年复审一次。委托有资质单位进行定期检验,并将定期检验合格证置于特种设备显著位置
	起重机械须定期保养	在用起重机械至少每月进行一次日常维护保养和自行检查,并记录。 制订安全操作规程,并在周边醒目位置张贴警示标识,有必要的安全距离和防护措施。 起重设备声光报警正常,室内起重设备应标有运行通道。 废弃不用的起重机械应及时拆除
机电安全	机械设备应保持清洁整齐	机床应保持清洁整齐,严禁在床头、床面、刀架上放置物品。 机械设备可靠接地,实验结束后,应切断电源,整理好场地并将实验用具等摆放整齐,及时清理机械设备产生的废渣、废屑
	操作机械设备时实验人员应做好个体防护	个人防护用品要穿戴齐全,如工作服、工作帽、工作鞋、防护眼镜等。操作冷加工设备必须穿"三紧式"工作服,不能留长发(长发要盘在工作帽内),禁止戴手套。 进入高速切削机械操作工作场所,穿好工作服、工作鞋,戴好防护眼镜,扣紧衣袖口,戴好工作帽(长发学生必须将长发盘在工作帽内),禁止戴手套、长围巾、领带、手镯等配饰物,禁穿拖鞋、高跟鞋等。设备运转时严禁用手调整工件。高空作业须穿戴防滑鞋、安全帽,使用安全带
	铸锻及热处理实验应满足场地和防护要求	铸造实验场地宽敞、通道畅通,使用设备前,操作者要按要求穿戴好防护用品。 盐浴炉加热零件必须预先烘干,并用铁丝绑牢,缓慢放入炉中,以防盐液炸崩烫伤。 淬火油槽不得有水,油量不能过少,以免发生火灾。 与铁水接触的一切工具,使用前必须加热,严禁将冷的工具伸入铁水内,以免引起爆炸。 锻压设备不得空打或大力敲打过薄锻件,锻造时锻件温度应达到 850 ℃以上,锻锤空置时应垫有木块
	高空作业应符合相关操作规程	在坠落高度基准面 2 m 及以上有可能坠落的高处进行作业,须穿防滑鞋,佩戴安全帽,使用安全带。 临边作业须在临空一侧设置防护栏杆,制订相关安全操作规程。操作规程上墙。操作有记录,定期保养。警示标识标线清晰

检查项目	检查内容	明　细
机电安全	电气设备的使用应符合用电安全规范	各种电气设备及电线应始终保持干燥,防止浸湿,以防短路引起火灾或烧坏电气设备。 实验室内的功能间墙面都应设有专用接地母排,并设有多点接地引出端。 高压、大电流等强电实验室要设定安全距离,按规定设置安全警示牌、安全信号灯、联动式警铃、门锁,有安全隔离装置或屏蔽遮栏(由金属制成,并可靠接地,高度不低于 2 m)。 强电作业配防静电衣服、绝缘手套和鞋靴,控制室(控制台)应铺橡胶、绝缘垫等。 强电实验室禁止存放易燃、易爆、易腐品,保持通风散热。 应为设备配备残余电流泄放专用的接地系统。 禁止在有可燃气体泄漏隐患的环境中使用电动工具;电烙铁有专门搁架,用毕即切断电源。 强磁设备应配备与大地相连的金属屏蔽网
	操作电气设备应配备合适的防护器具	强电类高电压实验必须 2 人(含)以上共同操作,操作时应戴绝缘手套;防护器具按规定进行周期试验或定期更换;静电场所,要保持空气湿润,工作人员要穿戴防静电服、手套和鞋靴
	激光实验室配有完备的安全屏蔽设施	功率较大的激光器应有互锁装置、防护罩,激光照射方向不会对他人造成伤害,防止激光发射口及反射镜上扬。操作规程上桌/上墙
	激光实验时需佩戴个体防护用具	操作人员穿戴防护眼镜等防护用品,不能戴手表等能反光的物品,禁止直视激光束和它的反向光束,禁止对激光器件做任何目视准直操作,禁止用眼睛检查激光器故障;激光器必须在断电情况下进行检查
	警告标识	所有激光区域内张贴警告标识
粉尘安全	选用防爆型的电气设备	防爆灯、防爆电气开关、导线敷设等应选用镀锌管,必须达到整体防爆要求。 粉尘加工要有除尘装置,除尘器符合防静电安全要求,除尘设施应有阻爆、隔爆、泄爆装置,使用工具有防爆功能或不产生火花
	穿戴合适的个体防护用具	粉尘爆炸危险场所应穿防静电服装,禁止穿化纤材料制作的衣服,工作时必须佩戴防尘口罩和护耳器
	确保实验室粉尘浓度在爆炸限以下	粉尘浓度较高的场所,适当配备加湿装置;配备合适的灭火装置

习 题

1. 主要存放固体物质的场所不应配备(　　)灭火器。

A. ABC 干粉　　　　B. BC 干粉　　　　C. 水　　　　　　D. 二氧化碳

2. 干粉灭火器适用于(　　)。

A. 电器起火　　　　　　　　　B. 可燃气体起火

C. 有机溶剂起火　　　　　　　D. 以上都是

3. 下列哪种处置实验服的方法是错误的?(　　)

A. 离开实验室时,实验服必须脱下并留在实验室内

B. 实验服可穿着外出

C. 用过的工作服应先在实验室中消毒,然后统一洗涤或丢弃

D. 实验服不能携带回家

4. 在火灾逃生方法中,以下不正确的是(　　)。

A. 用湿毛巾捂着嘴巴和鼻子

B. 弯着身子快速跑到安全地点

C. 躲在床底下,等待消防人员救援

D. 马上从最近的消防通道跑到安全地点

5. 实验室仪器设备用电或线路发生故障着火时,应立即(　　),并组织人员用灭火器灭火。

A. 将贵重仪器设备迅速转移

B. 切断现场电源

C. 将人员疏散

6. 当浓酸洒在皮肤上,正确的处理方式是(　　)。

A. 用水冲

B. 用纸或布擦,然后用水冲

C. 不处理,去医院

7. 在火灾初发阶段,应采取哪种方法撤离?(　　)

A. 乘坐电梯

B. 用湿毛巾捂住口鼻,低姿从安全通道撤离

C. 跳楼逃生

D. 跑到楼顶呼救

8.实验室属公共工作场所,以下做法错误的是(　　)。

A.实验室所有的药品不得携出室外

B.不要用手、物接触电源。水、电、煤气一经使用完毕,就立即关闭水龙头、煤气开关,拉掉电闸

C.绝对不允许随意混合各种化学药品

D.在实验室内饮食、吸烟或把食具带进实验室

9.下列对实验室安全管理制度描述错误的有(　　)。

A.未获申请许可的人员不得在实验室逗留,更不许随便操作设备和仪器

B.实验过程中严禁设备开启而无人值守

C.实验室废弃矿物可与生活垃圾集中堆放

D.仪器设备出现故障或损坏时,应立即停止使用,并向实验室管理人员汇报

10.将硫酸、氢氟酸、盐酸和氢氧化钠各一瓶从化学品柜搬到通风橱内,正确的方法是(　　)。

A.硫酸和盐酸同一次搬运,氢氟酸和氢氧化钠同一次搬运

B.硫酸和氢氟酸同一次搬运,盐酸和氢氧化钠同一次搬运

C.硫酸和氢氧化钠同一次搬运,盐酸和氢氟酸同一次搬运

D.硫酸和盐酸同一次搬运,氢氟酸、氢氧化钠分别单独搬运